泥鳅生态孵化及育苗新技术

梁少民　李春发　张小磊　邱士可　等编著

U0285999

黄河水利出版社
·郑州·

图书在版编目(CIP)数据

泥鳅生态孵化及育苗新技术/梁少民,李春发等编著. —郑州:黄河水利出版社,2015.4

ISBN 978 - 7 - 5509 - 1088 - 1

Ⅰ.①泥… Ⅱ.①梁… ②李… Ⅲ.①泥鳅 - 淡水养殖 Ⅳ.①S966.4

中国版本图书馆 CIP 数据核字(2015)第 079098 号

出 版 社:黄河水利出版社
    地址:河南省郑州市顺河路黄委会综合楼 14 层   邮政编码:450003
发行单位:黄河水利出版社
    发行部电话:0371 - 66026940、66020550、66028024、66022620(传真)
    E-mail:hhslcbs@ 126. com
承印单位:郑州瑞光印务有限公司
开本:850 mm×1 168 mm   1/32
印张:4.5
字数:90 千字   印数:1—1 000
版次:2015 年 6 月第 1 版   印次:2015 年 6 月第 1 次印刷

定价:18.00 元

前　言

泥鳅以其肉质鲜美、营养丰富,被誉为"水中人参"。由于自然水域中自繁自长的泥鳅产量增长率很低,不能满足市场需求,刺激了泥鳅养殖业的较快发展。要实现泥鳅的规模化养殖,就要实现泥鳅幼苗的人工规模化繁育。但是,泥鳅幼苗在孵化出第 5~21 d 容易出现大量的死亡现象,这是制约泥鳅规模化养殖的重要"瓶颈"。

泥鳅幼苗的人工繁殖包含两个重要的阶段,一是泥鳅幼苗的规模化孵化,二是泥鳅幼苗的人工培育。泥鳅幼苗的孵化就是通过刺激亲本产卵,到幼苗出卵这个过程,其中卵的成熟度、产卵量、受精率、孵化率是人工孵化的重要指标;幼苗的培育就是指从幼苗出卵后 3、4 d 开始,直到 60 d 这个阶段幼苗的培育过程。

本书根据作者多年的实践探索,分阶段、分步骤阐述了泥鳅人工孵化和苗种培育各阶段存在的重大问题,整理出泥鳅规模化孵化及苗种培育关键技术规范,克服泥鳅产业化生产的制约"瓶颈";从泥鳅孵化育苗实践出发,对泥鳅的相关生理生态习性和苗种的培育、管理及常见疾病防治与预防也做了必要的论述,旨在对泥鳅规模化孵化育苗提供技术支持,这不仅有利于推进泥鳅产业化,还可以实现产品的生态化,对泥鳅养殖业发展有着积极意义。

　　本书由梁少民统一设置全书的结构，梁少民、李春发负责全书的修改、统稿工作，执笔人员有梁少民、李春发、张小磊、邱士可、张仲伍、齐庆超、王海琴、宋松奇等。全书共十章，其中第一至第三章是泥鳅繁育的基础理论知识，由李春发、邱士可、王海琴等执笔；第四至第六章是生态孵化及育苗的理论与技术方法，这是课题组在项目实施过程中的经验总结，由梁少民、李春发、张仲伍执笔；第七至第九章是泥鳅苗种养殖的日常管理技术，由张小磊、齐庆超执笔；第十章是泥鳅生态孵化及育苗的实证研究，由梁少民、宋松奇、王海琴执笔。另外，在本书的编写过程中，李志强、杨志丹、张喜深等都作出了贡献；本书引用了一些参考文献，在此向列出和未能列出的参考文献的作者表示衷心的感谢。

　　泥鳅的人工孵化和育苗是一个复杂的技术性难题，本项目重点对泥鳅幼苗的人工孵化做了一些较深入的研究，在育苗方面还是初步的尝试。由于生产实践区域的差异性和品种的差别性，在泥鳅的繁育方面还有待于进一步研究。另外，由于作者水平有限，其中的不当之处，敬请广大读者批评指正。

作　者

2015 年 4 月

目　录

第一章 绪 论

第一节 概 述

泥鳅(Misgurnusanguilicaudatu)俗称鳅、土鳅、泥巴狗子等,隶属鲤形目、鳅科、泥鳅属。除青藏高原和西藏林芝地区外,全国各地河川、沟渠、水田、池塘、湖泊及水库等天然淡水水域中均有分布,尤其在长江和珠江流域中下游分布极广。

泥鳅种类繁多,人工养殖以真泥鳅、大鳞副泥鳅为主。

泥鳅体形细长,前段及腹部略呈圆筒形,后部侧扁;鳞极其细小,圆形,埋于皮下;颜色以青黑、灰黑、暗黄为主,体表腻滑、沾满黏液。头小,口小,口下位,呈马蹄形;眼小,无眼下刺;须5对;背鳍一条,无硬棘,胸鳍和腹鳍各一对,尾鳍圆形。

泥鳅是高蛋白、低脂肪的种鱼,营养价值很高,被称为"水中人参"。其价值主要体现在食用和药用两个方面:

(1)泥鳅的食用价值。泥鳅味道鲜美,营养丰富,含蛋白质较高而脂肪较低,能降脂降压,既是美味佳肴又是大众食品,素有"天上斑鸠,地下泥鳅"之美誉。泥鳅可食部分占整个鱼体的80%左右,高于一般淡水鱼类。经测定,每100 g泥鳅肉中,含蛋白质22.6 g,脂肪2.9 g,碳水化合物2.5 g,灰分1.6 g,钙51 mg,磷154 mg,铁3 mg,硫黄素0.08 mg,核黄素0.16 mg,尼克酸5 mg,还有多种维生素,其中维生素A 70国际单位,维生素$B_1$30 mg,维生素$B_2$440 mg,还含有较高的不饱和脂肪酸。

（2）泥鳅的药用价值。据《医学入门》查考,泥鳅性甘、平,具"补中、止泄"的功效。《本草纲目》中记载:泥鳅有暖中益气之功效,对肝炎、小儿盗汗、痔疮、皮肤瘙痒、跌打损伤、手指疔、阳痿、乳痈等症都有一定疗效。现代医学临床验证,泥鳅食疗既能增加体内营养,又可补中益气、壮阳利尿,对儿童、年老体弱者、孕妇、哺乳期妇女,以及患有肝炎、高血压、冠心病、贫血、溃疡病、结核病、皮肤瘙痒、痔疮下垂、小儿盗汗、水肿、老年性糖尿病等引起的营养不良、病后虚弱、脑神经衰弱和手术后恢复期病人,具有开胃、滋补效用。其滑涎有抗菌消炎的作用。现代研究发现,泥鳅所含脂肪中有类似二十碳五烯酸的不饱和脂肪酸,抗氧化能力强,有助于人体抗衰老。

泥鳅市场前景广阔。一直以来人们都将泥鳅视为滋补强身的佳品,市场需求不断攀升,市场价格稳中有升,是中国传统的外贸出口商品。日本每年的泥鳅需求量达4 000 t,其中一半以上都要从我国进口。韩国每年进口我国的泥鳅也达数千吨。因此,泥鳅是最有前景的水产养殖品之一。

天然泥鳅资源急剧减少。由于市场需求量增大，刺激人们加大了对天然泥鳅的捕捞力度，再加上农药及工业"三废"等污染，使得天然泥鳅资源急剧减少，仅靠捕捞难以满足市场需求。因此，人工养殖泥鳅急需得到发展。

泥鳅养殖是一项复杂的工程。到目前仍没有一套成熟规范的泥鳅孵化、育苗、养殖技术。这给泥鳅养殖者增加了困难，阻碍了泥鳅养殖产业化的步伐，也影响了泥鳅优良品种的培育。为此，编者对多年黄河滩区泥鳅孵化、育苗、养殖的实践结果进行总结，希望对广大养殖爱好者及相关专业的科技人员有所帮助。

第二节　泥鳅的孵化

鱼类生殖活动受内分泌、生理、营养、环境等一系列因素的影响，其中，内分泌起着关键作用。自然状态下，在繁殖季节，鱼类感觉器官把外界环境的刺激（如温度、光照、降雨等）传送到脑，使脑（主要是下丘脑）分泌促性腺激素释放激素（GnRH），激发脑垂体分泌促性腺激素（GtH）作用于性腺并促使性腺分泌性类固醇激素，以促使性腺成熟并排出精子和卵子。虽然通过控制环境因子能改善繁殖情况，然而，激素处理仍然是控制鱼类繁殖成熟最常用和最有效的方法。

人工繁殖就是用人工干预的方法（主要是通过注射激素）调节鱼体的内分泌活动，刺激内源激素的产生或代替内源激素的作用,以诱导性腺发育成熟并排出精子、卵子。影响人工繁育成功的主要因素是:亲鱼的成熟度、合理的催产激素、温度和水流速度。在自然界中,亲鱼的排卵与生态环境因子的刺激相关,而人工条件下注射催情药物只是起到与生态因子相类似的作用。因此,理论上在适宜催产剂量范围内,催情药物剂量的大小并不直接影响效应时间,而影响排卵时间的长短。

目前普遍采用的是传统人工孵化和半人工生态孵化。传统人工孵化基本程序是:亲本挑选—催产—剖雄取精—人工挤卵—人工受精—受精卵脱黏处理—静水或微流水孵化,受精率在 60% ~80% ,出苗率在 80% 左右。

半人工生态孵化基本程序是:亲本挑选—催产—自然交配受精—静水或微流水孵化,受精率可达到 90% 以上,出苗率在 90% 左右。

第三节　泥鳅的育苗

泥鳅孵化出苗后进入泥鳅育苗过程。刚孵出的泥鳅幼苗,身体透明,自由活动能力弱,只能以腹部的卵黄为营养。经过 3 d 左右,卵黄被吸收完,此时应及时补充适口饵料,并转移到育苗池饲养。目前国内外常用天然生物饵料作为泥鳅开口期育苗阶段的饵料,这些饵料主要包括植物性饵料(单细胞藻类和光合细菌)和动物性饵料(轮虫、卤虫、桡足类、枝角类等),同时有研究证明,水蚤加小球藻和颗粒饲料加水蚤可以作为泥鳅理想的开口饵料。然而由于育苗的时间及条件限制,完全采用生物活开口饵料还有一定难度,尤其是在批量规模化的育苗过程中,需要选择或补充人工开口料。

育苗初期多数用户选择蛋黄、豆浆、奶粉和商品开口料,经5~7 d喂养,改喂轮虫、水蚤等,10 d左右的幼苗,体长达到1 cm左右,已经能摄食水中的昆虫幼虫、枝角类及有机碎屑等,可投喂打碎的动物内脏、血粉和豆饼等。每天上、下午各投1次,开始时每日投喂量占体重的2%~5%,以后随着生长,日投喂量可增加到占体重的8%~10%。目前,采用最多的是池塘育苗模式,一般选择面积200~500 m²、水深30~40 cm、有良好的防逃设施的水池,先进行清塘消毒,施好基肥。投放鳅苗后,每天投喂米糠(煮熟)、饼类、蚕蛹粉等,日投喂量及投喂次数与鳅苗培育后期管理相同。每平方米放养500尾,饲养当年可达10 cm左右;每平方米放养1 000尾,当年也可长到5~6 cm,部分可达8 cm,但是幼苗总体成活率在10%以下。还有无土(薄膜池或水泥池)微流水育苗方式,成活率在10%左右。

第二章　泥鳅的生物学特性

泥鳅的生物学特性较为复杂,本章仅从孵化养殖角度,简述泥鳅的分布、分类、习性、食性等生物学特性,为泥鳅孵化养殖提供参考。

第一节　泥鳅分布与分类

一、泥鳅的分布

泥鳅广泛分布于中国、日本、韩国、俄罗斯、东南亚等国家和地区,种类很多,其中分布于中国的就有100种以上,主要有泥鳅、大鳞副泥鳅、中华沙鳅等。目前,泥鳅育种尚未取得突破性成果,缺乏育成品种,养殖的多以当地野生品种为主。

二、泥鳅的分类

泥鳅属鲤形目,鳅科。目前世界上的鳅科鱼类约有35属282个种和亚种。我国各地广泛分布有23属128个种和亚种。在鳅科鱼类中,泥鳅属的泥鳅是具有较高营养价值的品种,是颇受欢迎的食用鱼之一,养殖开发前景最好。

（一）泥鳅

泥鳅也称真泥鳅,是一种常见的小型淡水经济鱼类（见图2-1）。体为长圆柱形,尾部侧扁。头部尖,吻部向前突出,眼较小,口下位,呈马蹄形。口须5对,上颌3对,较大,下颌2对,一大一小。尾鳍圆形,鳞片细小,埋于皮下,体表黏液较多。体背及背侧多为灰黑色或青黑色,并有黑色小斑点,体侧下半部白色或浅黄色,尾柄基部上方有一黑色斑。在我国除青藏高原外,各地的河川、沟渠、稻田、堰塘、湖泊、水库均有天然分布。

图2-1　真泥鳅

（二）大鳞副泥鳅

大鳞副泥鳅体形酷似泥鳅,鳞片大,埋于皮下。眼被皮膜覆盖,无眼下刺,须5对,尾鳍圆形,尾柄处皮褶棱发达,与尾鳍相连,尾柄长与高约相等（见图2-2）。大鳞副泥鳅主要分布于长江中下游及其附属水体中。

（三）中华沙鳅

中华沙鳅又称钢鳅,常栖居于砂石底河段的缓水区,在底层活动。体态纤细,体色艳丽,体表有美丽的斑纹。

图 2-2 大鳞副泥鳅

吻长而尖,须 3 对,颚下具 1 对钮状突起,眼下刺分叉,末端超过眼后缘,颊部无鳞。肛门靠近臀鳍起点,尾柄较低(见图 2-3)。中华沙鳅主要分布于长江中、上游地区。

图 2-3 中华沙鳅

(四)大斑花鳅

大斑花鳅常见于江河、湖泊的浅水区,个体小,数量不多。体侧沿纵轴有 6~9 个较大的略呈方形的斑块,尾鳍基有一黑斑。须 4 对,眼下刺分叉,侧线不完全,背鳍起点距吻端较距尾鳍基近,尾柄较长,尾鳍后缘平截或稍圆(见图2-4)。大斑花鳅主要分布于长江中、下游及其附属水体。

图2-4　大斑花鳅

(五)中华花鳅

中华花鳅生活于江河水流缓慢处。须4对,眼下刺分叉。背鳍起点距吻端与至尾鳍基距离相等,尾柄较短,尾鳍稍圆或平截。侧线不完全,体侧沿纵轴有10～15个斑块,尾鳍基上侧有一黑斑(见图2-5)。中华花鳅主要分布于长江以南各江河中。

(六)长薄鳅

长薄鳅是薄鳅类中个体最大的一种,一般个体重1.0～1.5 kg,最大个体可达3 kg 左右(见图2-6)。主要分布于长江上、中游,从湖北、湖南到四川西部。近年来,因江河鱼类资源量总体下降,数量明显减少。

(七)北方须鳅

北方须鳅常栖息于河沟、湖泊及沼泽砂质泥底的静水或缓流水体,适应性较强。体细长,须较短,尾柄皮褶棱不发达,腹鳍基部起点与背鳍第2～4根分枝鳍条基部

图 2-5　中华花鳅

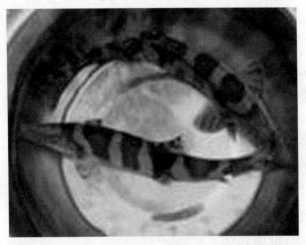

图 2-6　长薄鳅

相对(见图 2-7)。北方须鳅主要分布于蒙古及我国内蒙
古、黑龙江、辽宁、吉林等地,数量较多,肉质细嫩,有一定

的经济价值。

图 2-7 北方须鳅

（八）花斑副沙鳅

花斑副沙鳅常栖息于砂石底质的江河底层,个体小。颚下无钮状突起,须 3 对,口角须较长。眼下刺分叉,末端达眼球中部。颊部被细鳞,腹鳍末端距肛门甚远,肛门位于腹鳍基至臀鳍起点之间的前 3/5 处(见图 2-8)。花斑副沙鳅主要分布于北起黑龙江南至珠江的各江河。

图 2-8 花斑副沙鳅

第二节 泥鳅的形态学特征

一、一般特征

泥鳅的体形在腹鳍以前呈圆筒状,由此向后渐侧扁,头较尖。体背部及两侧深灰色,腹部灰白色。尾柄基部上侧有黑斑,尾鳍和背鳍具黑色斑点。胸鳍、腹鳍和臀鳍为灰白色。随生活环境及饲料营养不同,体色也略有变化。

二、外部特征

(一)体形

泥鳅体小而细长,前端呈亚圆筒形,腹部圆,后端侧扁。体高与体长之比约为 1.7 : 8。

(二)头部

泥鳅头部较尖,吻部向前突出,倾斜角度大,吻长小于眼后头长。口小,下位,呈马蹄形。唇软,有细皱纹和小突起。眼小,覆盖皮膜,上侧位视觉不发达。鳃裂止于胸鳍基部。

(三)须

通常来说泥鳅的须有 5 对,对触觉和味觉极敏锐,可有效地弥补其视力衰退的不足,是寻觅食物灵敏的"探测器"。其中吻端 1 对,上颌 1 对,口角 1 对,下唇 2 对。口须最长可伸至或略超过眼后缘;但也有个别的较短,仅长达盖骨附近。

（四）鳞

泥鳅头部无鳞,体表鳞埋于皮下,细小,圆形。侧线鳞 125～150 枚。

（五）体表

泥鳅的体表黏液丰富。体背及体侧 2/3 以上部位呈灰黑色,布有黑色斑点,体侧下半部灰白色或浅黄色。栖息在不同环境中的泥鳅体色略有不同。

（六）鳍

泥鳅背鳍无硬刺,不分支鳍条为 3 根,分支鳍条为 8 根,共 11 根。背鳍与腹鳍相对,但起点在腹鳍之前,约在前鳃盖骨的后缘和尾鳍基部的中点。胸鳍距腹鳍较远,腹鳍短小,起点位于背鳍基部中后方,腹鳍不达臀鳍。尾鳍呈圆形。胸鳍、腹鳍和臀鳍为灰白色,尾鳍和背鳍具有黑色小斑点,尾鳍基部上方有显著的黑色斑点。

三、内部特征

（一）鳃耙

泥鳅第一对鳃弓上的外侧鳃耙 14～16 个,多数在 16～18 个;第 1～4 对鳃弓上的鳃耙呈短棒状突起,前端稍尖,排列稀疏。

（二）咽喉齿

泥鳅的咽喉齿 1 行,为 13～15/15～13,生于第 5 对鳃弓上,排列呈 V 形,第 1～6 齿较大,尤以第 2、3 齿最大,高、宽均大于其他各齿,后边各齿逐级变小,排列逐级紧密,每个咽喉齿向内侧弯曲略成钩状。

（三）脊椎骨

泥鳅属于脊椎动物亚门硬骨鱼纲鳅科,脊椎骨数为42~49枚。

（四）食道

食道短而细,胃壁厚,前部约1/3膨大形成"工"形胃,在中部有3~5圈的螺纹形状的卷曲。

（五）肠

泥鳅的肠管粗而短,呈直线状,壁薄而有弹性,后肠逐渐变细。其肠长占体长的百分比例随体长的增加而略有降低。肠壁很薄,具有丰富的血管网,能进行气体交换,有辅助呼吸的功能。

（六）鳔

鳔小,前部包于骨质囊内,后部细小游离。

第三节　泥鳅生活习性

一、泥鳅的生活环境

泥鳅是温水性底层鱼类,喜欢生活在有底泥的不流动的或者流动缓慢的水中,如湖泊、池塘、水田、沟渠等浅水水域的富含腐殖质的底泥表层,喜欢中性或者偏酸性(pH值6.5~7.2)的黏土。适宜生长的温度为10~30℃,最适宜的温度为22~28℃。当水温在10℃以下或30℃以上时,泥鳅活动明显减弱;当水温在6℃以下或

34 ℃以上时,或者池水干涸时,泥鳅就会钻到泥里面去,停止活动。冬天,泥鳅常钻入泥里越冬。翌年春天,水温升至 10 ℃以上时,才出来活动。

二、泥鳅的视觉与触觉

泥鳅视觉不发达,感觉很灵敏。它昼伏夜出,白天钻到底泥里休息,晚上出来在水底寻找食物。由于长期生活在黑暗的环境中,视力极度退化,喜生活在阴暗处,变成了"瞎子"。泥鳅的感觉主要是触觉,靠触须来寻找食物。另外,它的侧线系统也很发达和灵敏,可以依靠它们来感觉水况的变化,逃避敌害。

三、泥鳅的呼吸特性

泥鳅对环境的适应能力非常强,鳃和皮肤的呼吸功能与其他鱼类一样,但泥鳅的肠壁薄而血管丰富,具有辅助呼吸、进行气体交换的功能,当水中溶氧不足时,它能垂直钻出水面吞吸空气,然后转头缓缓下潜,下潜过程中在肠管中进行气体交换后,由肛门排出废气(排出一串的气泡)。它对缺氧环境的抵抗力,远超过其他养殖鱼类,离水后存活时间较长。在人工饲养情况下,缺氧时,泥鳅会游至水面吞吸空气,进行肠呼吸,水中溶氧量即使每升在 0.16 mg 时,仍可存活。泥鳅在水中除缺氧时进行肠呼吸外,投饵吃食后肠呼吸的次数亦有增加。由于泥鳅皮肤和肠都能进行呼吸,所以泥鳅的呼吸不稳定,鳃盖的启闭,快时难以数清活动次数,慢时每分钟只有数次,甚至可停止 1 ~ 2 min。泥鳅对环境的适应性强,稻田短期断水,只要土壤保持湿润,就能安全生存。

四、泥鳅的逃逸特性

由于泥鳅全身圆滑,能用鳃、皮肤和肠管同时呼吸,离水后也不易死亡的特性,导致它具有很强的逃逸能力。因此,在养殖期间要经常检查池塘、稻田和网箱等,及时修补漏洞,防止泥鳅逃逸。

第四节　泥鳅的食性

一、泥鳅食物的多样性

泥鳅的食性很杂,食谱多样。水里面的藻类、水生植物种子与嫩芽,轮虫、水蚤、桡足类、底栖昆虫(如摇蚊幼虫、蜻蜓幼虫、丝蚯蚓)和底泥中的有机碎屑等,都是泥鳅的天然饵料。喂养泥鳅的人工饵料,有陆生蚯蚓、蚕蛹、螺蚌肉、畜禽下脚料、面包虫、蝇蛆、鱼粉、豆饼、麸皮、米糠、花生饼和酒糟等。泥鳅对动物性饵料最为偏爱,而且特别喜欢吃鱼卵,甚至吃自己产的卵。

二、泥鳅的食性特点

(一)摄食的时间

泥鳅用口须寻找食物,发现食物后用口须挑选一下,把可口的吃掉,不可口的丢掉。泥鳅喜欢在夜间贴着水底觅食,边挑边拣,边吃边走。有时,泥鳅在白天也出来觅食。一般来说,泥鳅在上午 7~10 时和下午 16~18 时,吃食最多,而在早晨 5 时左右,吃食最少。

(二)摄食与温度

泥鳅的摄食量与温度有关。10~30 ℃是泥鳅生长适宜的温度。在此温度范围内,随着温度的升高,泥鳅食欲逐渐增大,水温上升至 25~27 ℃时,食欲特别旺盛。一旦水温超过 30 ℃,或低于 15 ℃,食欲开始减退。另外,产卵前期的亲鳅比平时摄食多,雌鳅比雄鳅摄食多。

(三)摄食与生长

泥鳅在不同生长阶段的食性也有差异。体长 5 cm 以下的泥鳅苗,以动物性饵料为主,主要摄食原生动物、轮虫、枝角类、桡足类、丝蚯蚓等,人工养殖条件下,也吃蛋黄;体长 5~8 cm 时,逐渐变为杂食性,而且食物个体也可大些,如摇蚊幼虫、丝蚯蚓、水生植物嫩叶与种子、丝状藻、有机碎屑、糠、饼、豆渣等动、植物性饵料,它都可以吃;体长 8~10 cm 时,则摄食小型甲壳类、昆虫以及植物的根、茎、叶和种子等。

三、泥鳅的消化

泥鳅对动物性饵料的消化速度比植物性饵料快。如对浮萍的消化速度约为 7 h,消化蚯蚓约需 4.5 h,消化浮游动物只需 4 h。在池塘中,泥鳅更多的是吃其他鱼类的剩饵残渣,充当"清洁工"的角色。泥鳅非常贪食,尤其在人工养殖条件下,由于鲜活的动物性饵料较多,泥鳅贪食更为明显。

第三章　泥鳅的孵化

了解泥鳅的繁殖习性、性成熟度,以及胚胎与幼鱼发育等繁殖生理过程,有助于我们选择适合的养殖品种和孵化方法,制订科学的养殖方案,开展泥鳅优质高产高效益生产。

第一节　泥鳅的繁殖生理

一、繁殖习性

泥鳅属于雌雄异体、分批产卵、体外受精的底栖小型经济鱼类。泥鳅繁殖期在长江流域一般从 4 月上旬一直到 8 月下旬,并将延续到 9 月上旬才结束,其中 5 ~ 7 月是繁殖的高峰期(水温在 25 ℃左右);在北方地区温度略低,产卵时间和产卵期都略晚于南方。泥鳅一年能多次产卵,每次历时 4 ~ 7 d。

二、性成熟度

泥鳅一般在 2 龄时达到性成熟,具备繁殖能力。繁殖期的雌鳅腹部膨大(见图 3-1),胸鳍圆润。雌鳅怀卵量与其体长关系密切,一般体长 8 ~ 10 cm 的个体,怀卵量 2 000 ~ 7 000 粒,体长 15 cm 的个体,怀卵量可达

12 000～15 000 粒,体长 20 cm 以上的特大个体,怀卵量可达23 000粒。泥鳅的成熟卵粒柔软,略带透明的粉红色或黄色,直径在 0.8～1.0 mm,略带黏性,吸水膨胀后可达1.2～1.4 mm。

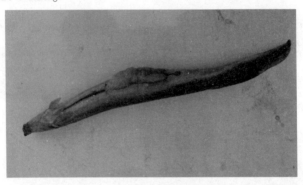

图 3-1　雌鳅膨大的卵巢

雄鳅体长一般在 6 cm 可达到性成熟,腹腔内有一对呈扁带状的精巢(见图 3-2),但并不对称,精液呈乳白色。

三、雌雄交配

当泥鳅处于发情阶段时,可明显看到雄鳅追逐雌鳅并不断用吻拱雌鳅的头胸部,当雌鳅停止游动时便有雄鳅突然将身体紧紧缠绕雌鳅,挤压雌鳅腹部使其产卵,同时雄鳅排出精液,连续数次,直到雌鳅排出成熟的卵子(见图 3-3)。发情的泥鳅胆子较大,常常能见到发情的泥鳅到水面上追逐。

由于雄鳅胸鳍基部的骨质对雌鳅的刻划作用,以致产卵后的雌鳅身体两侧都留下了一道近圆形的白斑状伤痕。

图 3-2　雄鳅白色的精巢

四、产卵期

　　每年 4~8 月是泥鳅的产卵期。通常 6 月之前，泥鳅多数喜欢在下雨后或者涨水时的晴天早晨产卵，水温 20

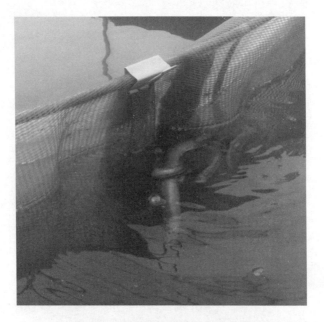

图 3-3　雄鳅缠绕雌鳅进行交配

℃以上时在傍晚或雨后的半夜亦可产卵;6 月之后,在傍晚时产卵,受精卵黏附在水草或其他物体上发育孵化。

五、受精卵孵化

受精卵的孵化时间与水温关系密切,在 18～28 ℃孵出时间随温度的增高缩短。一般水温在 24～26 ℃时,孵化约 25 h 就可以孵出鳅苗。

刚孵出的鳅苗呈透明的逗点状(见图 3-4),苗细小,不具有自主活动能力,以吻端黏附在池壁或水草上,靠卵黄囊提供营养。2～3 d 后,卵黄囊消失,幼苗体长达到 3～5 mm,具备主动摄食能力。

图 3-4　刚出卵膜的鳅苗

第二节　泥鳅的孵化

泥鳅孵化根据是否人工注射催产分为自然孵化和人工孵化。自然孵化分完全自然孵化和半自然孵化。人工孵化分为完全人工孵化和半人工孵化。

一、自然孵化

(一)完全自然孵化

完全自然孵化又叫诱集繁殖,是利用自然状态下的泥鳅,人工诱集其产卵群体并获得受精卵的方法。在产卵季节,利用泥鳅喜在岸边水草丛中产卵的习性,选择环境僻静的水草区,先在浅水处投施草木灰,然后在诱产区每平方米施 0.6~0.8 kg 的猪、牛、羊等畜粪。这样能诱集大量泥鳅到此区域产卵繁殖。但对此自然区域要采取相应的保护措施(防敌害等)。也可利用人工鱼巢收集自然水域中的受精卵(鱼巢可用水草、棕榈片、柳树根须等制作),移到特定的容器中孵化,这样可提高孵化率。

(二)半自然孵化

半自然孵化是在人工条件下,让成熟的泥鳅自行交配产卵的方法。

1. 产卵孵化设施准备

一般需要建设产卵池孵化池和孵化环道,面积以 200 m² 以内为宜,产卵池内布设鱼巢,收集受精卵。鱼巢要绑扎在竹竿上,悬吊在产卵池的中间或四角,使鱼巢浸没在水面下。因泥鳅卵黏性差,要注意检查和清洗沉积在鱼巢上的污物,以免影响受精卵的黏附效果;孵化设施一般是指孵化池或孵化环道(详见第四章)。

2. 亲本选择配比

选择成熟的亲本,按雌雄 1:1.5 或 1:2 配比放入产卵池,当水温稳定在 18 ℃以上才能进行。自然孵化条件下泥鳅一般在晴天的早晨产卵,上午 10 时左右产卵结束。

3. 受精卵收集孵化

当产卵基本结束后,就立即将粘有卵粒的鱼巢移到孵化池或其他孵化设施中进行孵化,并更换和补充新鱼巢放到产卵池中,继续收集新产的卵。泥鳅产完最后一批卵,将亲本全部捞出,可直接在产卵池内进行孵化。

4. 设施消毒处理

所有孵化设施使用之前要充分消毒处理,以免受精卵或幼苗出现病害。

二、人工孵化

人工孵化分完全人工孵化和半人工孵化两种方法。

(一)完全人工孵化

完全人工孵化是利用人工技术进行泥鳅催产、采卵、取精、授精、孵化的方法。

1. 注射液配制

采用复方促性腺激素释放激素类似物注射液(GN-RHA)和多情素(HCG)配比液。

雌鳅注射液配制:按照每千克雌鳅0.7 mL GNRHA计算,再根据确定的GNRHA数量,GNRHA与HCG按照2 mL:1 500 U进行配比,最后根据催产雌鳅数量(雌鳅每尾注射0.2 mL),加入适量医用生理盐水。

雄鳅注射液配制:按照每千克雄鳅0.35 mL GNRHA计算,再根据确定的GNRHA数量,GNRHA与HCG按照2 mL:1 500 U进行配比,最后根据催产雄鳅数量(雄鱼每尾注射0.1 mL),加入适量的医用生理盐水。

2. 催产注射

由于泥鳅的个体小,每尾泥鳅注射液的量应不超过0.5 mL,以0.2~0.3 mL为宜,以免发生身体肿胀或药液溢出。注射用4号不锈钢针头,1 mL的注射器。为了有效地控制针的深度,可在针头的基部套上限位胶管,使针头仅露出0.2~0.3 cm的针尖,防止进针过深,刺伤内脏。注射部位以背部肌肉为好,其次腹部中线,胸、腹鳍之间也可。进针角度:注射器与鳅体呈30°~45°为佳(见图3-5)。

泥鳅身体黏液多,很滑,为不损鳅体,要用湿纱布包住进行注射。也可采用麻醉注射(用可卡因0.1 g溶于50 kg水中配制成麻醉液),催产的亲鳅在麻醉液中,仅需

2～3 min 即被麻醉,这时注射较为方便,放入产卵池中,很快即可苏醒。注:经过麻醉的亲鳅会对产卵造成一定影响。

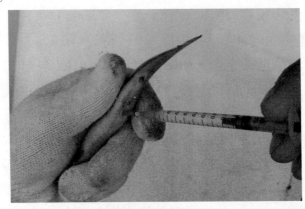

图 3-5　催产注射

3. 效应时间

催产注射后的亲鳅为便于人工授精,雌雄分离放入培育池中的两个网箱内,观察发情产卵。在水温 20 ℃时,效应时间为 18 h 左右开始产卵、受精;水温在 22～24 ℃时,效应时间为 9～10 h;水温在 25 ℃时,效应时间为 12 h 左右;若水温 27 ℃时,效应时间 8～9 h 即能产卵、受精。在临近效应时间,要注意观察亲鳅的活动情况,适时进行人工授精。

4. 杀雄取精

定期观察注射后的雌鳅,接近效应期时,雌鳅可以挤出成熟的卵粒,此时就可以开始杀雄取精,将雄性泥鳅的头部剪掉,将腹部从前到后剖开,在腹腔靠近背部的长形区域取出泥鳅的精巢,将精巢放进玻璃器皿中剪碎,用生理盐水冲洗出精液(见图3-6)。

图3-6 杀雄取精

5.取卵受精

临近效应期的雌鳅,用毛巾包好,仅露出肛门至尾部一段,左手从前至后轻压泥鳅腹部,使成熟的卵子流入盛有备用精液的容器中,用羽毛轻轻搅拌,让卵子充分接触精液授精,静置 5 min 左右,用清水漂洗几遍,洗去血水和污物。然后将受精卵均匀撒在窗纱或鱼巢上,移至网箱或育苗池中孵化,或将受精卵脱黏后移入孵化桶(缸)或环道中,进行人工孵化(见图3-7)。

图 3-7 取卵受精

泥鳅的人工繁殖通常采用干法受精,即将"干"精液和卵子(避免日光直射)混合于一容器内,用羽毛或手均匀搅动,加生理盐水后再轻轻搅动 1 ~ 2 min,形成受精卵。

在进行人工取卵授精过程中,注意挤卵手法轻柔,不可硬挤,不然获得的卵粒不成熟,并造成亲本损伤死亡。

6. 受精卵脱黏处理

采用黏土溶液对受精后的卵进行脱黏处理,经过黏土溶液的吸附,可脱去卵表面的黏液(见图 3-8)。

7. 微流水孵化

受精卵置于微流水环境,一般是环道或孵化池、网箱内,在气温 19 ~ 25 ℃,溶解氧充足等条件下,经 18 ~ 32 h,可孵出泥鳅幼苗(见图 3-9)。

图 3-8　受精卵脱黏

图 3-9　微流水孵化

(二)半人工孵化

半人工孵化是采用人工催产、自然繁殖的方法。编者在生产实践中采用在孵化环道内模拟泥鳅自然交配、产卵、受精的微流水环境,使泥鳅交配充分、授精自然、卵与亲本分离及时,实现泥鳅的高效孵化。我们称这种孵化方法为泥鳅生态孵化方法(详见第四、第五章)。

第四章　泥鳅孵化及育苗设备建设

泥鳅孵化需要一些辅助设施来达到孵化幼苗、收集幼苗的目的,尽管不同孵化方法设施不完全相同,但是基本原理都是模拟其孵化的自然环境,实现排卵、受精、孵化的目的。

第一节　泥鳅孵化器的原理与组成

一、泥鳅孵化器的原理

泥鳅孵化装置的基本原理是:通过技术设计,为泥鳅产卵、孵化提供一个模拟的接近自然状态的微流水环境,可以有效提高产卵率、受精率,同时根据孵化的不同阶段,通过调节微流水的流速,来保障孵化率,实现泥鳅的人工孵化。

二、孵化器的类型

(一)孵化网箱

用竹竿和网片制成网箱(见图4-1),面积6 m²。把网箱固定在池塘、河道中,箱体上部应高出水面20~30 cm,下部应深入水下40~50 cm,每立方水可放卵500 000~1 000 000粒,保持水质清新,经常观察,防止敌害进入。

24 h 以后，鳅苗快破膜了，将网箱带鱼卵移入育苗池内。

图 4-1　孵化网箱

（二）孵化桶（缸）

选择一个下小上大的柱锥形缸体，在缸底中心设置进水动力水孔，距缸顶 20 cm 固定一个网罩，防止卵流失，在网罩上面 5 cm 处设置溢水孔（见图 4-2）。孵化时，将脱黏泥鳅卵放入桶内，盖上网罩，从下水口向内通水，水流将卵冲起，使卵不致沉积，过多的水从纱网溢出，经溢水孔排出。在整个孵化过程中，要保持水流稳定，能使孵卵在缸中心由下向上翻起，接近滤网时逐渐向四周散开后沉下。如果卵翻到位置离滤网较远，说明水流流速太小；如果卵翻到滤网上，说明水流流速过大，应及时调节水流速度。

（三）孵化环道

孵化环道主要适用于较大规模的泥鳅繁殖场。环道主体结构由砖砌水泥浇筑而成，分内外两圈，有环形排水槽、纱网、进水喷嘴、进排水管阀、出苗口等（见图 4-3）。

图4-2 孵化缸

在环道的底部设有形似鸭嘴形的喷嘴,喷嘴的作用是增强水的压力和喷水距离,以确保水体沿环道做圆周运动。环道内的水经纱网流入环形排水槽,由排水管阀流出。砌造环道必须做到环道内外两壁与池底连接处呈弧形,不可做成直角形,否则因水流造成死角而导致鳅卵下沉。环道外圈直径为8 m,内圈直径为4.5 m;环道宽均为1 m,深0.9 m。

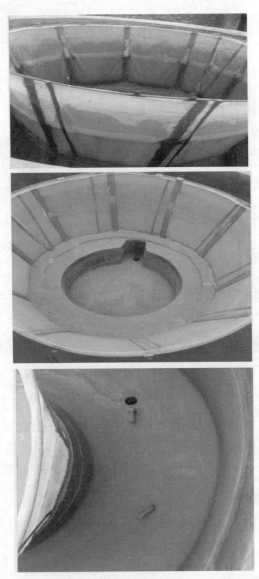

图 4-3 孵化环道

三、泥鳅环道孵化器的组成

泥鳅环道孵化器主要包括孵化环道、蓄水池、供水池三个主要部分。

孵化环道的结构包括孵化环道外层、孵化环道内层、进水孔、排水管、滤网和孵化网;孵化网为柱状圆环形(圆环柱形),由孵化网内侧面、孵化网外侧面和孵化网底面组成;进水孔均匀布置于孵化环道底部,排水管位于孵化环道内层内;滤网与孵化环道内层相连接,将孵化环道分割为进水区和排水区两个部分;孵化网放置于孵化环道内。如图4-4(a)、(b)所示,泥鳅孵化装置包括孵化环道外层1、孵化环道8、孵化环道内层6、进水孔7、排水管5、滤网3和孵化网;孵化网为柱状圆环形,由孵化网内侧面9、孵化网外侧面10和孵化网底面11组成;进水孔7均匀布置于孵化环道8底部,排水管位于孵化环道内层6内;滤网3与孵化环道内层6相连接,将孵化环道8分割为进水区和排水区两个部分;孵化网放置于孵化环道8内。

蓄水池主要是为孵化环道提供暴晒好的水源,同时作为孵化环道循环水的排放地,做到水的循环利用。

供水池就是一种增压水塔,通过水泵把水输送到供水池,由供水池流向孵化环道。

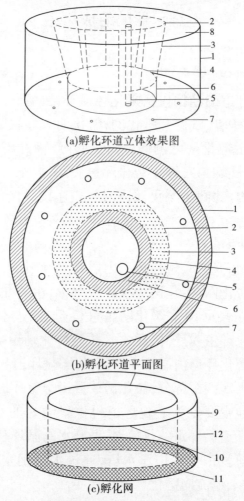

(a)孵化环道立体效果图

(b)孵化环道平面图

(c)孵化网

1—孵化环道外层;2—滤网上端固定环;3—滤网;4—滤网下端固定环;5—排水管;
6—孵化环道内层;7—进水孔;8—孵化网放置空间;9—孵化网内侧面;
10—孵化网外侧面;11—孵化网底面;12—生态孵化网高度

图4-4 泥鳅环道孵化器

第二节　泥鳅生态孵化设备的建设

一、孵化环道的建设

孵化环道是环道孵化器的重要设备,包括孵化环道外层、孵化环道内层、进水孔、排水管、滤网和孵化网。其主体结构由砖砌、水泥浇筑而成,同时附设有金属支架和滤网等。孵化环道的建设步骤如下。

首先,根据场地条件合理布局好孵化环道、蓄水池、供水池、放苗池等主要设施,主要考虑操作流程合理方便,进排水与外界水系统合理相接。

设计好孵化环道的数量、规格及布局位置。接着开始做底部进排水管道的布局,尤其是在做水泥封闭的部分要做好接口处理,并在试水后再进行水泥封闭处理,同时对环道的底部设置的喷嘴进行预处理,防止生锈后脱落及丝扣磨损无法连接。

其次,进行孵化环道壁的建设。做好孵化环道底部的各项处理后,进行环道壁的建设,先建设环道内壁(图4-4中的6所示),厚度 20 ~ 25 cm,高度为 40 ~ 50 cm,外层用水泥打磨光滑;接着进行孵化环道外壁建设,外壁的厚度和内壁一样,高度 110 ~ 120 cm;在环道内壁和外壁之间的底部做成光滑的 U 形结构,减少水冲对幼苗的影响。

最后,在环道内壁上方安置圆台形金属架及滤网

（图4-4中的 2 和 3）。先把滤网（100 目）附在金属支架上，并固定牢固，然后把它固定在孵化环道的内壁上。

二、水循环系统

水循环系统主要由蓄水池、动力水池（水塔）、孵化环道三部分组成（见图4-5）。

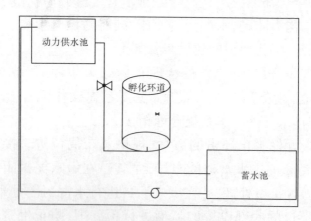

图 4-5　孵化循环系统

（一）蓄水池的建设

蓄水池主要依据孵化环道的多少设计蓄水池的容积。蓄水池主要是砖、水泥结构建造成的，面积200～300 m²、水深在80～100 cm。蓄水池直接通过管道接受井水，为了能在春季早期开始孵化，建议在蓄水池上加盖塑料大棚，可以有效提高水温（见图4-6）。

（二）动力水池（水塔）的建设

动力水池（水塔）根据孵化环道的数量及容积设计。

图 4-6　蓄水池

水池容积 30 ~ 50 m³，深度一般设计为 1 ~ 1.5 m，水池底部要高出环道底部 1.5 ~ 2 m。通过水泵将水由蓄水池提升到动力水池，水从动力水池底部经输水管流入环道底部，由环道底部的鸭嘴喷水口喷出，为环道提供水流动力，环道内溢出的水经排水管返回蓄水池(见图 4-7)。

也可通过专用无塔供水系统为环道提供动力水。

三、育苗池的建设

泥鳅育苗是泥鳅孵化的另一重要环节，这一过程需要在育苗池中完成。以前，养殖户大多是从孵化环道取出幼苗后，直接放到经过消毒的大塘里放养，这种育苗池也是养殖池。由于泥鳅幼苗天敌难以防御，导致幼苗成活率极低。为了提高幼苗的成活率，需要建设专用育苗池。

图 4-7　动力水池(水塔)

　育苗池要选择地势平坦、水源充足、排灌方便的地方。池大小视需要而定,但要求不漏水、不漏肥、少淤泥、管理方便。育苗池宽度以 8~10 m、深度 1 m 为宜,长度可根据实际需要设定(见图 4-8)。育苗池可与养殖池相邻建设,一般采用水泥池或者薄膜池,池底要比鱼池底高出 20 cm左右,将泥鳅的育苗池与成鱼池用管道连在一起,两池之间用闸门隔开,这样减少了捕捞操作,也不会造成苗种受伤致病。

图4-8 育苗池

第五章　泥鳅生态孵化技术规范

通过人工催产孵化出泥鳅苗已经比较容易,但要达到规模化孵化,提高产卵率、受精率、出苗率,还有很多难题需要克服。首先,要使泥鳅雌本单次最大限度产卵、充分受精就有较大难度;其次,通过最简便的方法,实现上述目标,同时提高出苗率,也需要有精心的设计。本规范是编者长期生产实践经验的总结,可以较好地实现上述目标。

第一节　亲鳅的培育

一、亲鳅挑选

(一)泥鳅亲本来源

采集临近产卵期的野生泥鳅或生产单位培育筛选具明显生长优势的个体作为亲本,避免近亲繁殖。

(二)亲本选择方法

亲本挑选和强化培育是泥鳅孵化的重要一步。泥鳅亲本最好从正规单位购买,每年春节前挑选标准为体长 10 cm 以上,15～25 g/尾,无病无伤、体质健壮的泥鳅作为来年所需亲本。优良亲本的标准:年龄 2～3 龄,行动活泼,体表光滑圆润,色泽鲜亮一致,健康无病斑。雌鳅体长 16 cm 以上,体重 20 g 以上,春季繁殖前能够清楚地看到卵巢轮廓,雄鳅体长 10 cm 以上,体重 10 g 以上。

二、亲本管理

泥鳅亲本的强化培育是人工繁殖前重要的环节,直接影响繁育效果。泥鳅亲本的强化培育就是增强泥鳅体质,促使未成熟的泥鳅性腺尽快发育达到成熟,以利提早产卵和精卵质量。每年 3 月中、下旬开始投喂饲料,添加水蚯蚓和鱼糜等高蛋白饲料效果更佳。如果是准备用于人工繁殖泥鳅的强化培育,通常在一个月之前将泥鳅雌、雄分开进行培育,放养密度每平方米为 25 尾左右。放养方式与放养密度每亩水面放养泥鳅亲本 3 000 kg,并套养 40 尾规格为 0.25 kg/尾的鲢鱼种,以控制水质。

1. 暂养池

亲本暂养池面积一般 1 ~ 1.5 亩,长方形,池深 1.2 ~ 1.5 m,养殖期间保持水位 60 ~ 80 cm。具有独立的进排水管道,水源水质良好,水量充沛。池底夯实或者硬化防止泥鳅钻洞,也可用塑料膜贴面(见图 5-1)。放养前,池塘先用漂白粉或生石灰清塘,每 10 m² 用生石灰 1 kg 或漂白粉 100 g 兑水后全池泼洒。一般 7 d 之后便可放养亲鳅了。

2. 饲料

以鱼粉、豆粕、菜籽饼、米糠为主,添加适量酵母粉和维生素,饲料配方为鱼粉 15%、豆饼 20%、菜籽饼 20%、次粉 10%、麦麸 15%、米糠 17%、添加剂 3%;或者采用商

图 5-1　暂养池

品泥鳅料,日投喂量为在池泥鳅体重的 5% ~ 8%。

3. 投喂方法

全池泼洒,不可使用投饵机。投喂次数,每天 2 次,上午10:00、下午 5:30。投喂量:春季水温上升到 15 ℃时,投喂量是每尾亲本体重的 1%;水温在 15 ~ 20 ℃,投喂量增加到亲本体重的 2%;水温在 20 ~ 30 ℃时投喂量为亲本体重的 2.5%;水温高于30 ℃时,泥鳅的摄食量下降,应少喂。

4. 水质调节

泥鳅对水质要求不严,一般水体都可以养殖,但是亲本池塘水质的好坏直接影响到性腺发育,在亲本培育中适时调节水质至关重要。培育期间适当追肥,水质保持肥、活、爽,同时要定期换水,每次换水量为1/4,在催产孵化前半月左右,每天适时注水一次,用流水刺激亲本泥鳅,促使性腺发育。

5. 防逃防鸟

泥鳅个体小,体表光滑,极易外逃。排水口应设置防逃网,池塘四周不用围网,在塘埂顶端应设置围网,以防止敌害进入池塘以及下暴雨时泥鳅外逃。泥鳅是很多水鸟的首选饵料,泥鳅养殖池塘的鸟害得不到重视往往会造成惨重的损失,可采取在池塘上方设置防鸟网的方法加以防控,防鸟网的具体设置方法:在池塘的四周埋 4 根桩,垂直水面高度 1.5 m,这样便于饲养管理,在 2 个较短的池埂上分别用铁丝连接相邻的 2 根桩,拉紧固定,然后在 2 根铁丝上平行拉上 3×2 的网线,网线间距 30 cm。实践证明,这是当前一种最简单、有效的防鸟方法,使用此法既保护了泥鳅,又保护了鸟类。

6. 消毒处理

泥鳅亲本在投放前要经过严格消毒,杜绝病源进入养殖池塘;催产后的亲本入塘时也要进行消毒处理:用 10% 的聚维酮碘 1 g/m³ 浸泡 5 min 或者用 2% 食盐水浸泡 5 ~ 10 min;暂养池消毒办法:每亩使用二氧化氯 0.12 kg,溶解后全池遍洒;每亩使用 10% 聚维酮碘 300 mL。每月两次,交替使用。

第二节　孵化设施的准备

一、蓄水池、供水池的清洗

每次孵化前,都要晾晒、清理蓄水池和供水池,先将池水排干,用铁锹清除底部附着的泥土,再用清水冲洗干净,保证孵化水体的干净。

二、孵化环道的维护

（一）环道滤网

用于泥鳅孵化环道的滤网需采用 100 目以上网布，使用前要仔细检查，不可有漏洞、松脱现象。

（二）喷水鸭嘴

环道底部一般设置 6～8 个动力喷嘴，喷嘴仰角 30°～45°。要逐个检查喷嘴出水，达到流畅均匀，环道底部不留动力死角，以免受精卵沉底堆积。

（三）孵化环道

进水管道上安装流量可控制进水阀，溢水管配备高低水位溢水管（90 cm 和 110 cm 两根）。

（四）产床

配备能架设/移除环道内的环形滤网，用作亲本产卵交配空间，滤网以 20 目为宜，准备能遮挡环道水面的遮阳网。

三、孵化系统调试

（一）供水

环道一般配备有 100～200 m² 供水暖房和 30～50 m³ 水塔，水塔底部与环道底部高差 2 m，以形成环道势能动力。也可以配备无塔供水作动力，要试验合适的水压参数。暖水池和动力水池要冲洗干净，经干燥后暴晒1～2 d 的孵化系统可以不用消毒处理。

（二）机电设备

维持水塔水位的供水泵和机电器自动补水运转正

常,并配有备用设备,以防系统运转中突然失去动力水,造成受精卵或幼苗死亡。

(三)水温

池塘水温在 19 ~ 28 ℃,泥鳅活动能力较强,一般都有产卵交配能力,可挑选亲本进行人工催产。河南省沿黄地区一般在 4 月中下旬可进入春季(夏季)孵化期,7 月中旬水温达到 28 ℃以上,不宜进行人工孵化;8 月下旬至 9 月中上旬可进行秋季孵化,秋季孵化亲本所剩余成熟卵有限,孵化出苗量少。

(四)孵化网

催产前要安装好亲本交配产卵环形网箱,网箱固定牢固,与环道壁和内层滤网不留间隙,以防亲本跳跃进入环道;环形网箱固定在环道表层,维持环形网箱水深 50 cm;环道滤网内排水口插上长管,采取高位溢水,环道水位维持 110 cm。

第三节　孵化过程

一、亲本处理

(一)亲本挑选

孵化系统水温达到 18 ℃以上时,提前 1 d 挑选健壮成熟雌雄亲本,雌本腹部明显膨大且圆、卵巢轮廓明显,雄鳅个体稍小、腹部较扁平、胸鳍较长、末端尖而上翘。挑选好的亲本雌雄分开放入水池内网箱里,适应孵化水温。按环道有效容量,每立方米放 200～300 尾雌本、300～500 雄本为宜。

（二）催产配方

根据厂家建议和生产实践,泥鳅催产宜按如下配方进行催产。采用多情素(HCG)和复方促性腺激素释放激素类似物注射液(GnRHa(泥鳅专用))搭配混合使用,每千克亲本使用 GnRHa(泥鳅专用)0.7～1 mL,每毫升 GnRHa 搭配 500～1 000 U HCG 使用。

（三）催产时间

根据泥鳅特性及生产实践,催产宜在下午进行,催产药效应期 8～12 h,泥鳅发情交配期在午夜以后、上午高温之前。按照催产配方,提前 1 h 注射雌本,然后注射雄本。

（四）催产注射

根据选定亲本数量,用医用生理盐水按照催产配方一次配好当期催产雌本或雄本所需注射液,每尾雌本注射 0.2 mL,雄本减半;注射前先将部分亲鳅捞出沥水后,倒入铺有吸水材料(软毯或旧棉毯)的塑料滤水筐中,通过亲鳅在吸水材料上来回活动和人工用干毛巾配合擦拭,适当除去过多的黏液,以利于握住亲鳅进行注射,待泥鳅活动减缓,戴手套抓握亲本,贴近腹鳍前(性腺)腹腔注射,使用一次性无菌注射器注射,针头与鳅体成 30°角下针,注射深度为 0.3 cm。

二、亲本产卵

（一）亲本放入孵化网

催产注射后的亲本，分批放入安装好的环形产卵网箱内，此时，保持水位 110 cm（用 110 cm 高的溢水管）；调节动力水水阀至较小进水量（流速 0.2～0.25 m/s），此时环道处于微流水状态；在环道上方加盖（安装）遮阳（防晒）网，以利用泥鳅交配产卵。

（二）产卵观察及流速控制

注射催产后 9～10 h 泥鳅进入发情产卵高峰，调节水阀，以利于受精卵和亲本及时分离（漂浮性、微黏性卵参考流速 0.2～0.3 m/s，偏下限，需仔细观察流速，以受精卵脱离产卵网箱不再浮起为宜）。

（三）亲本取出

观察产卵情况，产卵网箱只有很零星交配现象（一般在高峰后 2 h），即可以取出亲本，取出亲本时要分段集中亲本，清洗网箱上黏附的卵粒，最后把集中到一起的亲本连同产卵网箱一同取出，尤其防止亲本逃进环道。

（四）水位流速调节

亲本取出后马上更换溢水管（110 cm 更换为 90 cm），此时孵化环道内水位维持在 90 cm，水位比产卵时降低了 20 cm，要及时冲洗环道壁和滤网上的卵粒进入微流水内，并马上调节进水至较大进水量（参考流速 0.2～0.3 m/s，偏上限），以便沉入环道底部的受精卵浮起分离，进行漂浮孵化。

三、幼苗孵化

（一）漂浮孵化

待环道内受精卵卵粒分散漂浮、均匀分布后（一般在大水量冲洗 1 h 后），要及时调节进水阀至合适流量、流速,观察流速,以受精卵能冲浮至水表为宜,维持流速进行漂浮孵化（参考流速 0.25 m/s,中流速）。

（二）出苗观察

环道漂浮孵化 10 h 后,逐渐有泥鳅苗破卵孵出,从此时起要及时利用毛刷刷洗滤网内壁,以防卵膜堵塞滤网;漂浮流水孵化 24 h 左右,泥鳅苗基本破卵孵出完毕。鳅苗破卵出苗 12 h 后,吻端消失,逐渐有自主活动能力,此时要减小水流流速,以不造成泥鳅苗沉底堆积为宜（参考流速 0.2 ~ 0.25 m/s,偏下限）。

（三）开口苗喂食

破卵出苗 2 d 后,泥鳅苗自身所带的卵黄囊（营养）逐渐消失,开始进食,此时要及时提供泥鳅苗适口饵料,不然泥鳅苗会因失去营养逐渐死亡。环道内的泥鳅幼苗可以喂食鸡蛋黄,每天早、晚各一次,每 10 万尾鳅苗一个蛋黄;喂养时将鸡蛋煮熟,取蛋黄揉碎,用 100 目丝网过滤,搅拌成汁糜,贴环道壁逆流均匀倒入环道。

开口幼苗在环道里喂养 3 ~ 4 d,后两天可加入少量商品开口料,仍需过滤后投喂;泥鳅苗已开口,并开始主动觅食。此时应及时放养到净水环境,并提供充足适口饵料,进入鳅苗培育阶段。

第六章 泥鳅的育苗

泥鳅育苗就是从泥鳅苗孵化出 3 d 后开始,依次经过水花阶段、夏花阶段、苗种阶段 3 个过程,其中前 2 个阶段的育苗极其重要。泥鳅苗从受精卵中脱膜孵出,直到卵黄囊吸收完毕,能自由游动,并已开始主动觅食,进入水花育苗阶段;夏花阶段就是从泥鳅孵出约 21 d 后,幼苗达到 15 mm 左右,泥鳅苗的形态已长得与成体相似,呼吸功能也逐渐健全,就进入夏花阶段。每个阶段具有不同的特征,其育苗方式也略有变化。

第一节 鳅苗发育的阶段特征

一、水花阶段

泥鳅幼苗孵化出 3 d 后,就要开始喂食,若不喂养,第 5 d 便开始出现死亡,10 d 内全部死亡。这一段的幼苗培育也是开口期的培育,是泥鳅育苗的关键阶段,这一段的育苗工作是选择好开口料。苗长 11 mm,鳃已发育完整,具 5 对须,鳔成圆形,胸鳍缩小。尾鳍条增多,背鳍条和臀鳍条均已发生(见图 6-1)。

二、夏花阶段

度过 21 d 后,幼苗达到 1.5~2.0 cm,这时呼吸功能

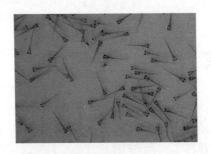

图 6-1　水花

也逐渐健全,便转入泥鳅夏花培育阶段,从1.5 cm的泥鳅苗培育长成3 cm的夏花称夏花培育阶段(见图6-2)。这个阶段也是幼苗死亡率高的阶段,这阶段的肠除消化吸收功能外,还具有肠呼吸功能,此时投喂要科学合理,以免影响肠呼吸功能,造成幼苗的大量死亡。

图 6-2　夏花

三、成鳅养殖阶段

泥鳅幼苗经过1个月的培育,这时可以转入成鳅池中饲养。但为了提高成活率,加快生长速度,也可以再饲养4~5个月,长成体长达5~6 cm的大规格泥鳅种时,再转入成鳅池养殖,这个阶段就是鳅种培育阶段。

鳅苗发育各阶段特征见表6-1。

表6-1 鳅苗发育各阶段特征

育苗阶段	孵出时间	生理特征	活动能力
不喂养阶段	刚孵出时	全长约3.5 mm,全身透明,吻端具黏着器	不具有自主活动能力
	8 h	苗长约4 mm,口裂出现,口角有1对芽基;鳃丝露出在鳃盖外,形成外鳃;胸鳍逐渐扩大,全身出现稀疏的黑色素,这时泥鳅苗由刚孵出时呈透明的"逗点"状到体色逐渐变黑了	不具有自主活动能力
	33 h	苗长4.5 mm,口下颌已能活动,口角出现2对须;卵黄囊缩小;外鳃继续伸长,体表黑色素增加	胸鳍能来回扇动
开口阶段	60 h	苗长5.5 mm,具须3对;鳃盖扩大,已延伸到胸鳍基部,但鳃丝上仍有外露部分;鳔已出现;卵黄囊接近消失	已能作简单的游动
	84 h	苗长7 mm左右,外鳃已缩入鳃盖内;鳔已渐圆;具须4对;卵黄囊全部消失,肠管内可见食物团充积	鳅苗能自由游动
水花阶段	4~20 d	苗长11 mm,鳃已发育完整;具5对须;鳔成圆形;胸鳍缩小。尾鳍条增多,背鳍条和臀鳍条均已发生	鳅苗活动自如
夏花阶段	21~45 d	苗长达到15 mm以上,形态已与成泥鳅相仿。这时候的泥鳅苗的呼吸功能由鳃呼吸逐渐转化为兼营肠呼吸	具有成鳅活动能力

第二节 常用育苗方式

水质调节、活饵培育、天敌防御是泥鳅育苗的三大要点。水质调节关系到幼苗的适生环境和病害预防,任何极端的水质参数(水温、溶解氧、氨氮、氮氧化物、BOD、COD 等)都可能引起泥鳅幼苗的不适或疾病;水质调节同时还影响到生物活饵料的培育,生物活饵料的育出时机、种类、数量都关系到幼苗的成活、生长;影响泥鳅开口苗存活的天敌也很多,天龙、水蜈蚣、蜻蜓幼虫、蝌蚪等都是幼苗的天敌,这也是泥鳅苗成活率低的主要因素。目前的育苗方式,就是针对上述三个方面采取的措施,各有侧重点。

一、池塘直接放养

直接放养就是把开口水花直接放养在养殖池塘内,池塘面积以 5 亩左右为宜,该方式更接近自然养殖环境,天敌防御及活饵料培育是关键。

(一)池塘消毒

与育苗同步进行池塘消毒杀虫,使用漂白粉或者二氧化氯、生石灰消毒、敌百虫杀虫,低水位(20cm)全池泼洒消毒、杀虫;之所以要强调同步消毒,是考虑到消毒剂的药效,放苗时药效已对幼苗无害;天敌的杀灭与再生,再生天敌迟于或同步于泥鳅幼苗的生长发育。

（二）生物活饵料培育

消毒后 2～3 d 投放猪粪鸡粪为宜,也可使用牛粪等农家肥,该类肥料要经过厌氧处理 15 d 以上。每亩施用 50～100 kg 为宜;活饵料生长发育的数量、密度、规格(适口性)都影响到开口苗的生长、成活、发育。

（三）鳅苗投放

施肥 3 d 后,池塘已有浮游生物出现,即可放养水花苗,以每亩 30 万～50 万尾为宜,并全池均匀泼洒豆浆,每天泼洒 3 次,每天每 20 万尾苗用 1 kg 黄豆豆浆;豆浆不仅能作为开口料,还作为肥水培育轮虫等生物饵料的有效方法。

（四）开口料使用

豆浆连续泼洒一周后,逐渐添加泥鳅专用开口料,两周时停止豆浆泼洒,逐渐改为定点定时投喂开口料,养成 3～5 cm 的夏花,再进行鳅种或成鳅喂养。

（五）水位控制

育苗过程中要根据水质情况加注清水,逐渐提高池塘水位至 50～70 cm。

二、池塘网箱育苗

池塘网箱育苗是将育苗网箱架设于池塘内,起到有效防御天敌的目的,其基本步骤与池塘直接放养相近,前期培育浮游生物、豆浆泼洒周期相同,后期在育苗网箱内设置食台,开口料直接投放到食台上。

（一）网箱架设

一般采用 40～80 目网片制作 2 m×3 m×1 m(深)矩形加盖网箱,池塘拉设铁丝作为固定网箱的纲线;架设网箱底距离池塘底 10～20 cm。

（二）水位控制

池塘初始水位设定在 40～50 cm,保持网箱水深 20～40 cm;两周后池塘水位加深到 70 cm;一月后加深到 100 cm。

（三）鱼苗投放

水花苗投放于 80 目网箱,每个网箱(面积 6 m²)1 万～2 万尾;培育 2 周后换入 40 目育苗箱,每个网箱放养 5 000～10 000 尾;与原苗水温差不能超过 2 ℃。

（四）饲料投喂

放苗前两天即可用豆浆满池泼洒,用于肥水和培育浮游生物,放苗后继续泼洒豆浆,也要向网箱内均匀泼洒;泼洒一周后网箱内添加泥鳅开口料;网箱要适当遮阳,或放入水草遮阳。

（五）病害防治

幼苗前期病害主要是气泡病,水质过肥是泥鳅气泡病产生的主要原因,要定时观察网箱小环境内的水质动态;以便及时处理,遇到气泡病要及时泼洒盐水,加注新水。

三、无土静水育苗

无土静水育苗是目前养殖户采用较多的育苗方式,

最常见的有塑料薄膜池、水泥池等,可以更有效地防御天敌、精细观察、方便管理,其主要步骤如下。

(一)育苗池建设配备

育苗池面积 100 ~ 200 m² 为宜,池深 0.8 ~ 1 m,最好设置给、排水系统,水泥池初次使用前要用弱酸(醋)浸泡做脱碱处理。

(二)水位控制

放苗前加水 30 ~ 50 cm,地下水直供要提前 2 ~ 3 d 加注进行曝气调温处理,池塘水进水口要用 100 ~ 80 目滤网过滤杂卵;鱼苗放入时新旧环境温差不超过 2 ℃。

(三)鳅苗投放

选择晴天投放,每平方米投放 1 000 ~ 2 000 尾水花,有微流水系统投放可适当密些。投放时尽可能多点投放、倾倒缓慢,也可采用放苗容器入水,幼苗自然游走方式投放。

(四)鳅苗喂养

放苗当天即可全池均匀泼洒豆浆,早晚各一次,每天每 20 万尾鱼苗泼洒 1 kg 黄豆豆浆,并添加泥鳅专用开口料 50 ~ 100 g,半月后可设多个投喂点,食台投喂,1 ~ 2 个月内,完成如下投喂适应训练:食台开口料(浸润揉团)—食台破碎料(浸润揉团)—食台颗粒料(清润),完成向鱼种池塘颗粒饲料养殖转化。

(五)水质调节措施

无土静水模式,因水体面积小、水浅、水体自净能力小,无土(泥)状态微生物种群相对单一,很容易出现坏水、夏天温度过高等现象,水质调节是无土静水系统最大的问题。要经常观察、检测水质,采取定期部分换水、加盖遮阳棚、培育浮生水草等措施。

(六)消毒及病害预防

前期(春夏之交)育苗注意减少鱼苗移动及机械损伤,预防水霉病发生;育苗中后期要控制水体肥度,预防因水质过肥出现气泡病;育苗第一个月不需消毒处理,第二个月要用聚维酮碘等消毒2~3次。

(七)围网及天敌防御

育苗池四周要采取围网等措施,防止青蛙、蛇、乌龟等天敌侵入;夏季育苗,要加盖蜻蜓网,预防蜻蜓幼虫敌害;育苗后期要采取措施防止鸟类为害。

第三节　鳅苗的培育

一、水花阶段的培育

孵化3 d后,卵黄囊全部消失,口器形成,尾鳍鳍条出现,胸鳍显著扩大,鳔也出现,泥鳅苗开始主动摄食,这阶段如第五章所述,每天每10万尾苗投喂蛋黄一个,是泥鳅幼苗水花育苗阶段的开始,一直到21 d左右。

(一)育苗池的准备

提前2~3 d,对育苗池进行清理并加入清洁的井水,进行2~3 d的阳光照晒,提高水温到20~25 ℃,同时做好遮阳设施,并在放苗前1~2 d,开始进行泼豆浆肥水处理,为泥鳅幼苗进入做好准备。也可以用孵化池、孵化槽、产卵池及家鱼苗种池作为泥鳅苗培育池。水泥池的底部要铺一层 10 cm 左右的腐殖土,其制作方法可用等量猪粪与淤泥拌匀后堆放发酵而成。

(二)放苗

处理好育苗池,选择好天气,测定孵化环道的水温与育苗池的水温相差不超过 3 ℃,如果水温相差过大,就应先逐渐调整温差,鳅苗适应后再入池。从孵化环道放出的幼苗用塑料筐接收后,应缓慢放入育苗池内。如果是长距离运输的幼苗,还要在筐里进行 10～20 min 后再将鳅苗连水一起缓慢倒入育苗池内,借此调节水温差和鳅苗对运输内气压改变的适应,即有"缓苗"过程。

(三)喂养

泥鳅幼苗从孵化环道出来进入育苗池后,每天定时泼洒豆浆,每 20 万尾泥鳅苗用 1 kg 黄豆磨成的豆浆,每天早晚各泼洒 1 次。在幼苗进入育苗池的头 7 d,按照一天 0.5～1 g/万尾,投喂脱脂奶粉,日投喂 3 次。7 d 后,泥鳅小苗长到 0.6～1 cm,在泼洒豆浆的同时,按照 10 g/万尾,在豆浆里掺入商品开口料。这样经过约 21 d 后,幼苗长到 2.0～3.0 cm,接着就进入夏花育苗阶段。

(四)遮阴

对于专用水泥育苗池,在放鳅种前要在池中水面上栽种水生漂浮植物,如水葫芦、水浮莲等,进行遮阴,也可以在育苗池上方安装防晒网,水温应控制在 30 ℃ 以下。

（五）注意事项

1.加工豆浆方法

将黄豆用水浸泡,浸泡时间视水温而定,浸泡 10～12 h,水温 25～30 ℃时,则浸泡 5～7 h,主要以黄豆两瓣间空隙胀满为好,此时出浆率高。浸泡时间太长或不足均会影响出浆率。将浸泡好的黄豆加适量的水同时打磨,不可在磨成豆浆后再掺水,这样豆浆会产生沉淀。

2.投喂方法

磨好豆浆应立即投喂,若放置半小时会产生沉淀。泼洒豆浆时要均匀,这样才能保证鳅苗的进食机会均等,长得均匀,成活率高。

3.开口料

掺入的人工开口料,随着磨豆浆的豆加进去,保证开口料均匀地掺入到豆浆当中。

4.其他事项

泥鳅苗种规格达到 1.5 cm 左右后,逐步加深水位到 50～70 cm。投饵量应依据水质、天气、摄食情况灵活调整量和比例。水温 15 ℃以上时,泥鳅的食欲随水温的升高而增强;25～27 ℃时,泥鳅食欲特别旺盛;28 ℃以上,泥鳅食欲逐渐减退;超过 30 ℃ 或低于 12 ℃时,应少投甚至停喂饲料。

二、夏花育苗阶段

经过水花育苗过程,泥鳅苗大多在 1.5～2 cm,接着就进入夏花育苗阶段,这个阶段可以在育苗池进行,也可以进入养殖塘进行。如果泥鳅苗是为了销售,就在育苗池进行,育苗到 40~50 d 的时间,进行销售,这样便于捕捞,但是要适当降低育苗的密度,一般降低 1/3,多余的分到其他的育苗池。如果为了养成鳅,就可以把水花放到大塘里进行育苗和养殖。

(一)大塘的处理

大塘育苗前一般需要进行抽干晾晒,晾晒时间以半月为宜,也可直接进行药物消毒处理。

在放苗前 4 d 注水 40 cm,接着用生石灰、二氧化氯或者漂白粉进行全池泼洒消毒,同时均匀洒入高温发酵的鸡粪,提高水的肥力,培育活的生物饵料。

(二)试苗

当大塘处理完毕后,测定专用育苗池与大塘池水温相差不超过 3 ℃,在大塘里设置一个约 1 m^3 的网箱,选 30~50 尾幼苗放入网箱,24 h 后幼苗若无异常,即可放苗。

(三)放苗

试苗结束后,在网箱上风头轻轻放入鱼苗(见图 6-3),放入鱼苗时勿将水弄混浊。在网箱中暂养半天后即移入池塘,幼苗从专用育苗池中取出,慢慢放入大塘;如果大塘与育苗池有管道连接,可以直接放苗到大塘,注意放水的速度不能太大。

(四)喂养

在池塘四周均匀放置饵料台 4~6 个,以便在喂食时投放饵料。饵料选择人工(商用)开口料,按照 30 g/万尾

图6-3　放苗

进行喂养,把开口料用水和成团,均匀分开,放在饵料台上,定期观看泥鳅吃食的情况,估算每天的食量,根据观测调整投放饵料的多少,并定期清洗饵料台以保证饵料的清洁(见图6-4)。

(五)注意事项

同一池塘应放养规格一致的同种鳅苗,并尽量争取一次放足,以免发生吃食不均,大鳅苗的生长速度远远超过小鳅苗,两极分化明显,出池规格不齐。

放养密度:净水池为 1 000 ~ 1 500 尾/m²;半流水池或网箱培育为 2 000 ~ 3 000 尾/m²。

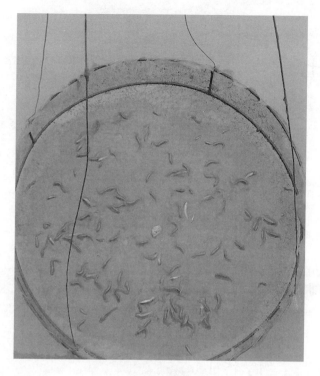

图6-4 喂养

第七章 泥鳅苗种活饵料的培育

刚孵化出来的泥鳅苗吸收卵黄的营养,在卵黄消失后的两个月内,能以水中的轮虫、水蚤和线蚯蚓等为食,最好专池培育轮虫、水蚤等浮游动物来投喂泥鳅苗。

第一节 轮虫的培育

轮虫是一种微型的多细胞动物,种类繁多,广泛分布于淡水、半咸水和海水中。其对环境适应性强、繁殖快、营养丰富、大小适中、易培养,是鱼、虾、泥鳅幼苗理想的动物性饵料。

一、生物学特征

(一)形态特征

轮虫为雌雄异体,雄性个体小,结构简单,仅有纤毛环和精巢,也不摄食,专为有性生殖交配。雌性个体大,被甲长 196~250 μm,宽 150~202 μm,前沿背面有棘刺6个,而腹面仅4个。轮虫有一个尾足,其内有黏液分泌于足趾,可粘于池壁等物体上休息(见图7-1)。

轮虫具有如下主要器官:

(1)轮盘:由纤毛环、棒状突和触毛组成,具运动和摄食作用。

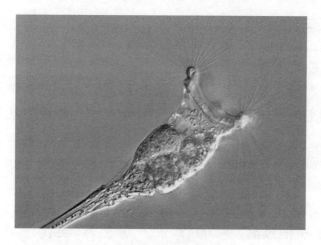

图 7-1 轮虫

（2）咀嚼器：接口后端，将食物磨碎。

（3）原肾管：为一原始的肾，内有焰细胞。轮虫的构造如图 7-2 所示。

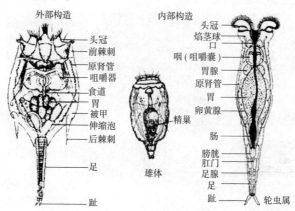

外部构造   内部构造

头冠
前棘刺
原肾管
咀嚼器
食道
胃
被甲
伸缩泡
后棘刺
足
趾

精巢

雄体

头冠
焰茎球
口
咽(咀嚼囊)
胃腺
原肾管
胃
卵黄腺
肠
膀胱
肛门
足腺
足
趾 —— 轮虫属

图 7-2 轮虫的构造

(二)生殖类型

1.孤雌生殖

孤雌生殖也叫单性生殖。在适宜的生态条件下,轮虫均进行孤雌生殖,即由雌性成体产生夏卵,然后孵化出雌性小轮虫。其产卵间隔小于 4 h,每只雌性成体平均产卵 21 个,产卵持续 6 ~ 7 d。产出的卵挂在成体尾足基部,待发育成小轮虫后才破卵壳。

2.两性生殖

两性生殖也叫有性生殖。在环境不良的条件下,如饥饿、密度过高(> 200 个/mL)、水温低、缺氧、水质(盐度、pH、水温)突变等,雄性个体出现,然后雌雄交配产生休眠卵(也称冬卵),休眠卵比夏卵大,卵壳厚,一端有个空隙,可长期保存。

轮虫繁殖见图 7-3。

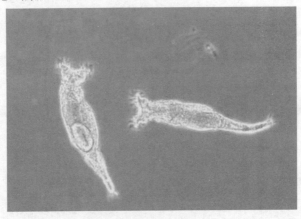

图 7-3　轮虫繁殖

（三）环境条件

1. 温度

适温 25 ~ 35 ℃,繁殖临界水温 10 ℃,低于 5 ℃和高于 40 ℃不能存活。国外有些研究者把在不同温度下培养的轮虫分为 S 型和 L 型轮虫。

S 型轮虫:个体小,适宜较高水温下培养(30 ~ 35 ℃),但不耐低温。

L 型轮虫:个体大,适宜较低水温下培养(20 ~ 25 ℃)。

2. 盐度

生活盐度为 2‰ ~ 50‰,适宜盐度 10‰ ~ 30‰,最适盐度 15‰ ~ 25‰(18‰,比重 1.016),不适应盐度的突然变化。

3. 光照

有光照下培养比黑暗好,适宜光照 4 400 ~ 10 000 lx。因为光照能抑制原生动物繁殖,并促进单胞藻和光合细菌生长。

4. 溶氧

保持 1.5 mg/L 以上即可,耐力强。

5. 种群密度

密度大,则卵少、繁殖慢;密度小,则卵多、繁殖快。但密度太小易被敌害侵入,一般密度达 200 个/mL 即要间疏采收。

（四）食性

轮虫为滤食性动物,靠轮盘上纤毛摆动造成水流而滤食水中食物颗粒。轮虫饵料为直径 25 μm 以下 (最好在直径 15 μm 以下) , 包括细菌、酵母类、单胞藻、小型原生动物、有机碎屑等。

(五)发育生长

夏卵小轮虫 (离开母体) 成虫, 怀卵持续 6 ~ 7 d。轮虫寿命约 10 d。

二、饵用特点

(1)生活力强。易培养, 喜欢有机质较丰富的水体。

(2)繁殖快。环境条件适宜时, 日生长率达 30%。

(3)营养丰富。干物质中蛋白质含量 57%、脂肪 20%、钙 1.8%、磷 15%。

(4)大小适宜。约 150 μm × 250 μm, 为泥鳅幼苗的理想活饵料。

三、培育方法

(一)轮虫种的来源

选择个体大小一致、活力强、带卵多的轮虫为种源。

1.分离

在有机质较丰富的河流、池塘内, 用 250 ~ 300 目制成手抄网捞取, 镜检后用吸管分离获得。

2.卵孵化

轮虫休眠卵在已培养轮虫的旧池内, 轮虫水不必排掉, 待需要轮虫时, 提前一个月将旧水排掉留 10 cm, 再灌入新水, 并培养单胞藻。待单胞藻培养达一定浓度时, 在适宜生态条件下,旧池底内的轮虫休眠卵就会孵化出来。

（二）培养池

培养池一般采用玻璃钢池或者水泥池。玻璃钢池容积 $5 \sim 20 \ m^3$,投资少、装卸方便;水泥池 $10 \sim 40 \ m^3$,水深 1 m。

（三）培养用水

漂白粉处理水,准确称取漂白粉需要量,用 $80 \sim 100$ 目滤网置于水中,待漂白粉溶解完全,剩渣去掉。消毒处理过的池水一般需经 1 d 以上曝气,若急需用水,要用与漂白粉等量的 $Na_2S_2O_3$ 中和。

（四）接种轮虫

接种轮虫需水温回升到 10 ℃ 以上,且维持池水较肥。如果池塘往年养殖过轮虫,池底具有较多休眠卵,可用木棍来回在池底搅动数次,把休眠卵搅起,让卵逐渐孵化成幼虫后培育。

（五）培育期管理

1. 水质调控

培育池盐度控制在 18‰,前期一般以添水为主,随着藻类的繁殖,水色加深,适时加水,在培育第 7 天起每天对池水进行换水,换水量前期在 20%,中后期随着轮虫密度增加,投饵量的增多,水质易变坏,加大换水量,每天换水 40%,加注新水的温度尽量与轮虫池水温一致,温差不超过 2 ℃,加注时进水管口要用 300 目的网袋进行过滤,防止敌害进入。

轮虫培育池水质要始终保持"肥、活、嫩、爽",在中后期透明度控制在20 cm左右,定期使用改底改良底质。另外,按照"三开两不开"的原则使用增氧机增加水体溶氧量("三开"指晴天中午开增氧机、阴天次日清晨开、连绵阴雨半夜开,"两不开"指傍晚不要开增氧机、阴雨天中午不要开增氧机)。

2. 饵料投喂

当检查到轮虫密度大于50个/mL,单胞藻密度小于20 000个/mL时,需要及时投喂饵料作补充,饵料品种有酵母、豆浆,通过投喂饵料,减少轮虫对单胞藻的摄食量,使单胞藻维持在适宜的密度。投喂人工饵料时不能过量,以免残饵过剩而败坏水质。

3. 追肥

培育前期由于基肥足、水温低,一般不用补肥,中后期随着水温升高,藻类繁殖加快,水体中营养盐消耗加快,须及时补肥,选用水产专用复合肥。补肥一般选择在中午前后进行,用量视水质肥瘦而定,注意应少量勤施。

4. 敌害防治

在轮虫培养过程中,敌害较多,常见的主要有争食性的纤毛虫、游仆虫,还有摄食轮虫的桡足类。如敌害生物大量繁殖,会导致轮虫大量沉底死亡,这主要是池水不干净或饵料投喂过多引起的。在轮虫培养时要注意轮虫种健壮和纯净、防止水质污染、保证酵母或豆浆投喂不过量。

（六）采收方法

轮虫的采收一般用3寸浮泵抽取池水用软管送至池

外,出水口用 240 目筛绢做成长筒形,长度为 8 ~ 10 m,直径为 40 cm 的筛绢直筒形袋一端套住管口,把袋子另一端用活络结扎口固定在木桩上,袋子下方用聚乙烯纸铺垫,防止网袋磨损。随时检查袋中轮虫数量,当达到一定量后解开活络结,倒出轮虫至 25 L 的塑料桶中,然后迅速运送到泥鳅苗培育池中,保证轮虫在泥鳅苗培育池中的成活率。

采收时间一般安排在清晨。一般水温低于 15 ℃时,轮虫繁殖慢,日收获量为存池量的 10% 左右;后期温度较高,繁殖快,日收获量可为存池量的 30% 左右。当轮虫繁殖到高峰期时应及时收获,然后补充肥料和水,以维持种群的持续生长。

第二节　水蚤的培育

水蚤属于节肢动物门、甲壳纲、鳃足亚纲,是一种水中的小型浮游动物,俗称鱼虫、红虫。

一、生物学特征

(一)形态特征

体小,左右侧扁,略呈长圆形,体长 0.2 ~ 2.1 mm。体外具有 2 片壳瓣,背面相连处有脊棱,后端延伸而成长的尖刺(壳刺)。头部伸出壳外,吻明显,较尖。复眼大而明显,可转动,并具有单眼。腹部背侧有腹突 3 ~ 4 个,前一个特别发达,伸向前方。后腹部细长,向后逐渐收削。胸肢5对,尾叉爪状。雄体较小,壳瓣背缘平直,吻短钝或无,腹突退化。水蚤借触角上的刚毛拨动水流向上、向前游动;当触角上举时,身体则下沉,好似在水中跳跃(见图7-4)。

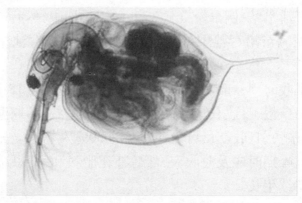

图7-4　水蚤

(二)生殖类型

1.孤雌生殖

通常在外界条件比较适宜时行孤雌生殖,雌体(孤雌蚤)所产卵子不经受精而直接发育成子代;孤雌生殖有助于水蚤种群迅速发展。

2.两性生殖

当温度改变、食物匮乏、种群密度过大等环境因素胁迫时,雄体出现,生殖方式即转变为两性生殖。有性生殖形成的休眠卵(受精卵)能确保水蚤度过恶劣环境条件,维持种群的存在和延续。

水蚤生殖方式随环境条件的不同而相互交替进行,

是对外界环境的一种适应,也是其在漫长的生物演化过程中形成的生态对策。一般来说,春夏季仅能见到雌体,营单性生殖,所产的卵称"夏卵",较小,卵壳薄,卵黄少,不需受精,可直接发育为成虫。这些成虫多是雌虫,再进行孤雌生殖。因此,在短时间内能够大量繁殖,呈一片红色,故称红水蚤、红虫(见图7-5)。

图7-5　水蚤大量繁殖染红水体

到了秋季,由夏卵孵化出一部分体小的雄虫,开始进行两性生殖,所产的卵称"冬卵",冬卵较夏卵大,卵壳较厚,卵黄多。受精的冬卵,又称"休眠卵",度过严寒或干燥环境,于次年春季气温较高时发育为新的雌体。除少数生活在海水中,多为各种淡水水域中最常见的浮游动物,是鱼类的优良饵料。

(三)食性

淡水中的水蚤主要滤食水中的细菌、单细胞藻类和原生动物;咸水中则用游泳足捕捉水中的浮游生物。

二、水蚤的培育

（一）培养池

水泥池、土池均可,池深约 1 m,大小以 10 ~ 30 m² 的长方形为宜。

（二）培养用水

池中注水约 50 cm 深,水蚤适宜的水温为 18 ~ 25 ℃,pH 值为 7.5 ~ 8,溶氧饱和度为 70% ~ 120%。

（三）施肥

水泥池每立方米水体投牛、马粪或其他畜粪 1.5 kg,加沃土 1.5 ~ 2 kg,以后每隔 8 d 再追肥一次,追肥量为牛、马粪或其他畜粪 0.75 kg。土池每立方米水体投 4 kg 牛、马粪或其他畜粪、1.5 kg 稻草、麦秸或其他无毒植物茎叶作基肥,10 d 后追肥一次,追肥量同基肥,此后再根据水色酌情追肥,使水色保持黄褐色。

（四）培养

采用酵母与无机肥混合培养法。每立方米水体投酵母 20 g,酵母可先在水中浸泡 3 ~ 4 h,再泼入池中,每立方米水体施碳酸铵 65 g、硝酸铵 37.5 g,以后每隔 5 d 施一次,其用量为开始的一半。投放酵母后,将池水暴晒 1 ~ 3 d 后,就可以放入水蚤作种,用种量为每立方米水体 30 ~ 50 g。

（五）捞取

水蚤种入池 15 ~ 20 d 后,经过大量繁殖,可布满全池。这时,即可分批捞取喂鱼(见图 7-6)。一般每隔 1 ~ 2

d 捞取一次,一次捞取总量的 10% ~ 20%。在水温 18 ~ 20 ℃ 的环境下,可常捞常有,连续不断。

图 7-6　捞取的水蚤

(六)消毒处理

水蚤是泥鳅育苗的最佳开口活饵料。由于水蚤本身携带有较多污物及致病菌,养殖场购进水蚤后,都必须通过暂养漂洗使污物排净,投喂前还要应用科学合理的方法进行消毒,以避免发生病害,具体措施简要介绍如下:

漂洗喂养的水蚤须提前 3 ~ 5 d 购进,放在水蚤池内暂养。水蚤暂养期间应保持流水并经常翻耙搅动,让死虫、污物、杂质流走,使水蚤体内污物排净。

水蚤暂养 12 h 恢复活动力后,用水蚤框(筛绢布和木框构成的长方形木框,略小于水蚤池)盖在水蚤上压爬,让水蚤钻出网眼爬上网面,然后将网面上的鲜活水蚤刮洗到其他池内继续漂洗,使鲜活水蚤与死虫及污物分开。

如此经过 3～4 次爬活,已基本排除水蚤中的死虫及污物。

水蚤消毒方法多种多样,建议采用压气机、气石泵充气,在大塑料桶或木桶,桶容积 100 L 左右(可装水 85～100 kg),用其 80% 的容量,每次可消毒 40～50 kg 的水蚤(虫:水 = 1:1),在不断充气的刺激下,水蚤活力不致衰减,用以消灭病原体的抗菌素,可采用盐酸土霉素 0.5 g/kg(水)或恶喹酸 0.5 g/kg(水)等药物配合 5‰ 的食盐溶液一起使用,或用 ClO_2、高锰酸钾等亦可,如此处理 1 至数小时。

药浴后的水蚤,再次放到水蚤池的水头上去冲水漂洗,以洗去死虫、残药,喂食之前捞起,经加入"保肝宁 4#" 2～3 g/kg(水蚤)与"南大－鳗康素" 2 g/kg(水蚤),搅拌均匀后直接投喂。

第三节　蚯蚓的培育

蚯蚓被誉为世界上最好的蛋白质饲料,因为它自身含有极为丰富的营养价值,蚯蚓的体内含有 18 种氨基酸,且含量很高;各种矿物质及维生素含量也极为丰富。因此,蚯蚓可以作为饵料养殖泥鳅、黄鳝等水产品,有助于水产品的增产。

一、生物学特征

（一）形态特征

常见的蚯蚓体长 6~20 cm，体重 0.7~4 g，生活在潮湿、疏松和肥沃的土壤中，身体呈长圆筒形，细长，约由100 多个体节组成，各体节相似，节与节之间为节间沟，褐色稍淡。前段稍尖，后端稍圆，在前端有一个分节不明显的环带。头部不明显，由围口节及口前叶组成。腹面颜色较浅，多数体节中间有刚毛。在 11 节体节后，各节背部背线处有背孔（见图 7-7）。

图 7-7　蚯蚓

（二）生殖类型

蚯蚓雌雄同体，有两对精巢囊，每一个囊内有精巢和精漏斗各一个。由于性细胞成熟时期不同，因此蚯蚓仍需异体受精。

（三）生活习性

（1）喜温。15~25 ℃为最佳温度，~5 ℃冬眠，0 ℃以下冻死，40 ℃以上死亡，32 ℃以上停止生长。

（2）喜湿、怕干。蚯蚓体内含水量80%左右，通常要求生活环境湿度在60%以上。

（3）喜暗、怕光。蚯蚓昼伏夜出，紫外线对蚯蚓有毒害作用。据阳光照射试验，赤子爱胜蚓进行阳光照射15 min死亡率达60%以上，20 min则全部死亡。

（4）喜静、畏震。蚯蚓喜欢安静环境，不仅要求噪声低，而且不能震动。受震动后，蚯蚓表现不安或逃逸。

（四）饲料型养殖品种

1.威廉环毛蚓

这种蚯蚓适应性强，个体较大，但繁殖率低。体长15~25 cm，背后青黄、灰绿或灰青色（俗称青蚓），常栖息于菜园、苗圃、桑园里（见图7-8）。

图7-8　威廉环毛蚓

2.赤子爱胜蚓

这种蚯蚓食性广,繁殖率高,适应性强,生活周期短,是国内外的重点养殖品种。如太平(大平)2号、北星2号等都属于赤子爱胜蚓。体重0.4g左右即达到性成熟,在良好的条件下,可以全年产卵。成蚓体长9~15 cm,背面、侧面都为橙红色,腹面略扁平,喜栖息于腐殖质丰富的土表层(见图7-9)。太平2号是美国红蚯蚓和日本花蚯蚓的杂交种。生产实践证明,这种蚯蚓出体腔厚、寿命长,除能适应高密度养殖外,还有繁殖率高、适应能力强、定居性好、易于培育等优点。

图7-9　赤子爱胜蚓

二、培育条件

(一)场地

水源方便,但场地不渍水,避风向阳,空气流通;没有工业、化学污染源,所采用的容器或房屋等没有装过农药等对蚯蚓有害的物质,容器材料本身不含芳香性树脂、鞣酸、酚油等化学物质;对蚯蚓有害的各种天敌、病原微生物较少,一旦发生危害,有办法加以控制;易实施升温、降温、遮阳等措施。

（二）温度

饲养蚯蚓必须选择适宜的温度环境。蚯蚓最适宜的生活温度为20 ℃左右,温度低于5 ℃即休眠,温度低于0 ℃则死亡,温度高于15 ℃就能正常繁殖。

（三）湿度

蚯蚓养殖必须保持一定的水分。过干则会死亡,过湿也难以生存。培养基料湿度以用手捏可成团但挤不出水为宜。

（四）基料

可以有多种选择,最好是经过发酵的牛粪,颜色变黑后使用。还可以选用撕碎并用水浸透的马粪纸或草板纸与园土拌匀而成,也可以将园土掺些锯末。

（五）饲料

蚯蚓喜食较为甘甜、营养丰富的食物。米汤、淘米水、稀粥及腐烂的瓜果都是较好的饲料。但是注意饲养的饲料应先发酵再进行投放,避免在饲养容器内发热影响蚯蚓的存活。投料时间应根据蚯蚓吃食情况加以掌握。一般,气温越高,吃食越多,在10～25 ℃时大约半月喂一次。

（六）饲养容器

可采用木箱、瓦盆、木桶、瓷盆等，但要注意蚯蚓饲养容器需易于渗水、透气。

三、繁殖生长

（一）产茧量

以太平2号蚯蚓为例，每条年产茧在56～58个，其中春季产茧量最大，约占全年的40%。

（二）孵化率

一个蚓茧平均孵出幼蚓5～8条，最多12条，但是发育完全的幼蚓一般只有3～4条。不同温度孵化所需时间、孵化率不同。

（三）生长期

幼蚓体重增加缓慢，只有在性成熟期前后一个月内，蚯蚓生长最快，此时采取可获取高产。另外，蚯蚓生长速度与饵料状态有密切关系。即使饵料相同，由于其碎细度不同，幼蚓的生长速度亦可相差达1.5倍以上，所以要保持饵料碎细状态，避免饵料有大小团块，保证蚯蚓快速生长。

（四）培育密度

种蚯蚓数量，应控制在每平方米1万条以内，生产蚓群每平方米3 kg（2万～3.1万条），前期幼蚓3万条/m^2，后期下降到2万条/m^2。

（五）产量

我国南方地区每平方米产量可达10 kg/a，北方地区

$6 \sim 8$ kg/a。一般饵料每消耗 $25 \sim 30$ kg,可产 1 kg 鲜蚓,并可获得 70% 蚓粪。

四、饲养管理

(一)饵料配备

饵料宜用牛粪、猪粪、马粪、羊粪、兔粪,猪粪、羊粪、兔粪加秸秆、稻草配备。

(二)饵料投喂

充足的饵料是保证蚯蚓快速生长的前提。上料前先翻床,饵料铺为厚度 10 cm,始终保持饵料新鲜透气。不要将床面盖满,以便分离蚯蚓。

(三)温度调控

最佳温度在 $15 \sim 25$ ℃。冬季加厚养殖床到 $40 \sim 50$ cm,饵料上盖稻草,再加塑料布,保温、保湿;夏季每天浇一次水降温。

(四)适时采收

夏季每月采收一次,春、秋季每 45 d 采收一次,采收后及时补料。

(五)轮换更新

种蚓要每年更新一次,养殖床每年更换一次,以保蚓群的旺盛,防止蚯蚓因自然发展而造成种群衰退。

五、采收方法

(一)水淹法

利用蚯蚓怕水淹这一习性,在饲养基下部的 2/3 灌上水,留出表面1/3,这样蚯蚓很快上浮在基料表层,集中收集。

（二）诱集法

利用蚯蚓喜欢吃酸、甜、腥味食物的习性,在饲养基表面放上捣碎的西红柿、苹果、西瓜皮等或喷糖水拌腐熟的牛粪或洗鱼水等,吸引蚯蚓爬出土表吃食,集中采收。

（三）挖捕

用三齿铁叉在有蚯蚓的土壤中挖捕,但这样方法易伤蚯蚓,效果较差。

（四）光取法

养殖床蚯蚓密度达到2万~3万条/m²,80%个体达到0.3 g以上时,是最佳采收时间。采收时,提前24 h前浇足水,然后将养殖床上面10 cm饵料的70%集中在水泥地面或塑料布上,利用蚯蚓怕光的特点,逐层扒开,将饵料扒净,使蚯蚓集中在底层,达到收集目的。

第八章 泥鳅苗种的捕捉、暂养和运输

第一节 泥鳅苗种的捕捉

泥鳅苗种身体圆滑,体型较小,易受损伤,这给捕捞带来较大的困难,直接影响养殖的产量和经济效益。下面介绍几种常用的鳅苗捕捉方法,供相关人员参考。

一、袋捕

此方法是根据鳅苗寻食的习性,把诱饵放入麻袋、聚乙烯布袋,投入在鳅苗池中,诱苗入内,定时提起袋子捕获鳅苗。

一般选择在阴天或下雨前的傍晚下袋,这样经过一夜的时间,袋内会钻入大量鳅苗。袋捕受鳅苗池内水温影响较大,一般水温在 25～27 ℃时鳅苗摄食旺盛,袋捕效果最好,当水温低于 15 ℃或高于 30 ℃时,鳅苗的活动能力减弱,摄食减少,袋捕效果较差。

二、笼捕

地笼也可用于鳅苗的抓捕。地笼是一种专门用来捕捞泥鳅的工具,一般笼内每节长 30 cm 左右,一端为锥形的漏斗部,占全长的1/3,漏斗部的口径2~3 cm。地笼的里面用聚乙烯布做成同样形状的袋子,袋口穿有系带(见图8-1)。

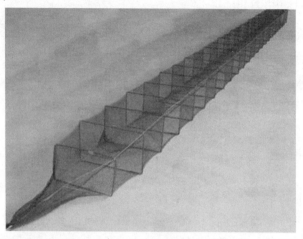

图 8-1　地笼

在鳅苗池水温18~30 ℃时,笼捕捕捞效果较好。捕鳅苗时,先在地笼中放上可口香味的饲料做成的饵料团,将笼放入池底,待1 h左右,拉上笼收获一次。拉地笼时,要先收扰袋口,以免鳅苗逃跑,后解开袋子的尾部,倒鳅苗于筐中。如果在捕捞前停食一天,并在晚上捕捞,较果更好。

三、网捕

用苗网抓捕池塘养殖的鳅苗。先清除水中的障碍物,尤其是专门设置的食场木桩等,然后将香味浓厚的饵料,放入食场作为诱饵(将鱼粉或炒米糠、麦麸等做成团状的硬性饵料),等鳅苗上食场摄食时,下网快速捕鳅苗,起捕率较高。

四、冲水捕捉

在靠近进水口处铺设好网具等收集设备。设备准备完毕后,向进水口注入新水,给鳅苗以微流水刺激。鳅苗喜溯水,会逐渐积聚在进水口附近,待鳅苗聚拢到一定程度,即可起捕。同时,可在出水口处放置网具或者鱼篓,捕获顺水逃逸的鳅苗。

第二节 泥鳅苗种的暂养

泥鳅苗种起捕后,必须经过几天时间的清水暂养,方能运输出售。暂养的作用,一是使苗种体内的污物和肠中的粪便排除,降低运输途中的耗氧量,提高运输成活率;二是将零星捕捉的苗种集中起来,便于批量运输销售。泥鳅苗种暂养的方法有许多种,现在介绍以下几种。

一、水泥池暂养

水泥池暂养适用于较大规模的中转或需暂养较长时间的情况。应选择在水源充足、水质清新、排灌方便的场所建池,且配备增氧、进水、排污等设施,并注意防止鱼病的污染和鸟类等敌害生物的危害(见图8-2)。水泥池的大小一般为 8 m×4 m×0.8 m,蓄水量为 20～25 m^3。一般每平方米面积可暂养苗种 5～7 kg,有流水、有增氧设施,暂养时间较短的,每平方米面积可放 40~50 kg。若为水槽型水泥池,每平方米可放 100 kg。

图 8-2　水泥池暂养

　　苗种进入水泥池暂养前,最好先在木桶中暂养 1~2 d,待粪便或污泥清除后再移至水泥池中。在水泥池中暂养时,对刚起捕或刚入池的泥鳅苗种,应隔 12 h 换水 1 次,待其粪便和污泥排除干净后转入正常管理。夏季暂养每天换水不能少于 1 次,春、秋季暂养隔天换水 1 次。

　　在苗种暂养期间,投喂生大豆粉粒可提高其暂养的成活率,按每 20 kg 鳅苗每天 0.1 kg 生大豆粉粒投喂。此外,辣椒有刺激泥鳅苗种兴奋的作用,也可用于提高鳅苗暂养的成活率,按每 50 kg 鳅苗隔天 0.1 kg 辣椒投喂。

　　水泥池暂养适用于暂养时间长、数量多的情况,具有成活率高(95%左右)、规模效益好等优点。但这种方法要求较高,暂养期间不能发生断水、缺氧、泛池等现象,必须有严格的管理制度。

二、网箱暂养

网箱暂养鳅苗被许多地方普遍采用。暂养鳅苗的网箱规格一般为 3 m×2 m×1 m。网眼大小视暂养泥鳅苗种的规格而定。网箱宜选择水面开阔、水质好的池塘(见图8-3)。暂养的密度视水温高低和网箱大小而定,一般每平方米暂养 10 kg 左右较适宜。网箱暂养鳅苗要加强日常管理,防止逃逸和发生病害,平时要勤检查、勤刷网箱、勤捞残渣和死鳅等,一般暂养成活率可达90%以上。

三、水盆暂养

各类容积较大的盆子(水桶)均可用于鳅苗暂养。一般用 70 L 容积的水盆可暂养 10 kg。暂养开始时每天换水 4～5 次,第三天以后可每天换水 2～3 次。每天换水量控制在1/3 左右。

四、鱼篓暂养

鱼篓的规格一般为:口径24 cm、底径65 cm,竹制(见图8-4)。篓内铺放聚乙烯网布,篓口要加盖(盖上不铺聚乙烯网布等,防止鳅苗呼吸困难),防止鳅苗逃逸。将鳅苗放入竹篓后置于水中,竹篓应有 1/3 部分露出水面,以利于鳅苗呼吸。若将鱼篓置于静水中,一篓可暂养 6～8

图 8-3　网箱暂养泥鳅

kg;置于微流水中,一篓可暂养 10～20 kg。置于流水状态中暂养时,应避免水流过急,否则鳅苗易患细菌性疾病。

五、布斗暂养

布斗一般规格为:口径 24 cm、底径 65 cm、长 24 cm,装有鳅苗的布斗置于水域中时应有约 1/3 部分露出水面。布斗暂养鳅苗须选择在水质清新的水域,一般置于流水水域中,每斗可暂养 10～20 kg,置于静水水域中,每斗可暂养 5～8 kg。

图8-4　泥鳅篓

第三节　泥鳅苗种的运输

　　泥鳅苗种运输是养鳅生产过程中不可缺少的重要环节,一般情况下,以运输 0.8 ~ 5 cm 的鳅苗最为常见。其运输技术主要包括鳅苗运输前准备、运输方法和运输后的技术处理等方面。

　　鳅苗的运输按运输距离分为近程运输、中程运输、远程运输;按运输工具分为鱼桶运输、氧气袋运输、水箱等工具运输;按运输方式分为干法运输、带水运输、降温运输等。泥鳅的苗种运输相对要求较高,不论采用哪一种方法,鳅苗运输前均需暂养 1 ~ 3 d 后才能启运。运输途中要注意鳅苗和水温的变化,及时捞除病伤死鳅,去除黏液,调节水温,防止阳光直射和风雨吹淋引起的水温变化。

一、鳅苗运输前的准备工作

鳅苗为无鳞鱼,体表易损伤感染,因而鳅苗在运输前仍应做好各项准备工作,除做好运输工具准备外,还应做好控制投饵、拉网锻炼等工作,操作时还应细心轻快,以免损伤泥鳅苗。

(一)控制投饵

鳅苗在运输前一天不应投饵料,目的是使鳅苗在运输过程中减少排泄和黏液污染水质而过多地消耗水中溶氧,提高运输成活率。

(二)拉网锻炼

泥鳅苗种在出售前应进行一次拉网锻炼,目的是增强幼鱼体质,因为拉网使鳅种受惊,增加运动量,使肌肉结实。同时在密集过程中促使幼鳅分泌黏液和排出粪便,增加耐氧的适应力,在运输过程中可避免大量黏液和粪便污染水质,另外,拉网还可以除去野鱼,消灭水生昆虫,准确估计鱼种数量。

(三)防止苗体机械性损伤

鳅苗受伤后不易恢复,特别是尾部受伤后死亡率极高,因此在运输过程的一系列操作(起鱼、过数、装袋、运输、消毒、下塘)中应力求做到轻快,减少鳅苗体表损伤。

(四)苗种的选择

选择体质健壮、规模整齐的泥鳅苗种,是提高运输成活率的前提条件。身体瘦弱、游动不活泼、体表不光滑、鳍条上拖带污泥,或受伤有病的鳅苗,尤其是有寄生虫发病塘口的鳅苗,更不能运输,否则成活率很低,运输前必须进行镜检,如果发现有寄生虫等疾病存在,应及时用药,待鳅苗体质恢复后拉网出售。同时,在装运前先将苗种集中于网箱内暂养 2~3 h,令其排出粪便,减少体表分泌的黏液,以利于提高运输成活率。

二、鳅苗运输方法

鳅苗的皮肤和肠均有呼吸功能,因而运输比较方便。但鳅苗比较娇嫩,对运输条件有较高的要求。其运输应视规格、数量和距离远近,选取不同的装载容器、运输工具和相应的运输方法。运输方法可分为封闭式、开放式和特殊方式三大类型。

(一)封闭式运输

封闭式运输法是将鳅苗和水置于氧气袋或密闭的容器中进行运输。

1. 充氧运输

用于装运泥鳅苗种的氧气袋有圆桶形、正立方体等形状,规格各异,常用塑料袋规格为长 0.7~0.9 m,宽 0.4 m,或加工为 0.4 m×0.4 m×0.4 m 的立方体氧气袋,在一面正中央粘制直径为 15 cm 小口径充氧口,长 25~30 cm,便于装鱼和扎袋,装运密度高于常规鱼种的 10% 左右,此法适宜长距离运输。装运时间越长,密度应相对减小。用氧气袋运输时,还应避免高温,防止阳光直射,最好使用保温车或空调车,以免影响成活率。

2.装袋运法

即将鳅苗装入麻袋、草包或编织袋内,洒些水,或预先在袋内放些水草等,使鳅苗体表保持湿润,即可运输。此法适用于温度在 20 ℃ 以下,运输时间在 12 h 以内的短途运输。

(二)开放式运输

开放式运输是将鳅苗和水置于敞口式容器(如塑料水箱、铁皮箱、帆布袋、鱼桶)中进行运输;根据运输距离又可采取干法运输和带水运输等方法进行。

1.干法运输

干法运输就是采取无水湿法运输的方法,俗称"干运",一般适用于鳅苗短程运输。运输时,在鳅苗体表泼些水,或用水草水层,使鳅苗皮肤保持湿润,再置于桶、箱、编织筐等容器中,为长方形,容器内壁应光滑无刺,筐的内壁应铺上薄膜,容器内盖些水草或瓜(荷)叶即可运输。此法适用于水温 15 ℃ 左右、运输时间为 1 ~ 3 h 的短途运输。装载量视容器大小、运输远近而定。

2.带水运输

采用水箱装运,水箱形状可根据运输需要,加工成长方体、圆桶形,敞口。材料可选用聚乙烯、白铁皮等。长方体常见规格:宽 2 m × 长 2 ~ 4 m × 高 1.2 m(注水深度 0.8 ~ 1.0 m),大型水箱中间须分成小隔,间隔宽度 0.9 ~ 1.0 m,一般不超过 1 m,这样可以降低由于运动状态下产生的水体波动程度,从而达到减少苗体相互擦伤的目的。每一水箱底部设置一根氧气管,在氧气管上每隔 15 cm 用大号缝针刺一细孔,氧气管成 S 形排列固定,管与管之间距离为 15～20 cm。每只水箱的氧气管与总管相连接,然后接上氧气表和氧气瓶,或将氧气管与氧气瓶控制阀相接。每辆车配备 2～5 瓶氧气,或根据鳅苗装运数量和运输时间确定携带氧气瓶数量。准备工作就绪后,可以加水装苗,同时每加 1 t 水放食盐 1 kg 左右,可有效控制运输途中由于鳅苗排出的粪便和代谢物污染水质。

(三)特殊运输方式

1. 木箱运法

箱用木板制作,木箱的结构有三层,上层为放冰的冰箱,中层为装鳅苗的鳅箱,下层为底盘。箱体规格为 50 cm×30 cm×8 cm,箱底和四周钉、铺 70 目的聚乙烯网布。如水温在 20 ℃以上时,先在上层的冰箱里装满冰块,让融化后的冰水慢慢滴入鳅箱,每层鳅箱装泥鳅苗种 5～10 kg,再将这两个箱子与底盘一道扎紧,即可运输。这种运输方法适合于中、短途运输,运输时间在 24 h 以内的,成活率在 90% 以上。

2. 降温休眠法运输

降温休眠法运输是把鲜活的泥鳅苗种置于 5～10 ℃的低温环境之中,使之保持休眠状态的运送方法。一般采用冷藏车控温保温运输,适合于长距离的远程运输。

每年 6 月下旬、7 月上旬,气温相对较高,给鳅苗运输带来不便,但为方便生产,可选择降温运输,将装有鳅苗的氧气袋放在盛有水的大容器(如水箱或帆布袋)内,让氧气袋浮于水面。这样既可防止氧气袋在运输途中剧烈颠簸,也可使鳅苗在袋内保持正常的姿势,又可在水箱中加冰,使大容器内的水温低于氧气袋内水温 5~8 ℃,并在运输中继续用冰块保持低温。以降低鳅苗的代谢强度,减少其二氧化碳等的排泄量,从而达到提高运输成活率的目的。

三、鳅苗运输管理

生产实践显示,运输鳅苗死亡的原因主要是水中二氧化碳(包括氨氮)过高、溶氧量降低,引起鱼类麻痹、中毒死亡。根据上述原因,生产中可采取相应措施。

(一)选择体质健壮的苗种

做好鳅苗锻炼工作,鳅苗拖带污泥,游泳不活泼,或畸形的苗种,以及身体瘦弱有病受伤的鳅苗均不能运输,否则成活率很低。夏花和一龄鳅苗在运输前必须做好鱼体的拉网锻炼或暂养吐食,以减少排泄物和提高对缺氧的忍耐力。

(二)选取良好的运输用水

运输用水应水质清新、溶氧高、含有机质少、无毒无臭。同时,在运输重量允许的前提下,适当增加运输用水量,相对降低水体中二氧化碳的浓度,封闭式运输时,氧气袋内加水量不能低于袋总容积的 2/5,尽量多加一些,但加水量不要超过袋总容量的 1/2。

(三)保持合适的运输密度

鳅苗的运输,因运输时间、温度、苗体大小和运输工具不一,其装运密度差异很大。通常气温低、运输时间短,运输密度可适当大些;反之,运输密度则减小。

（四）运输途中的管理

用水箱、鱼桶运输鳅苗,必须有专业人员在车上,并配备适量增氧剂备用,管理员随时注意观察鱼的活动情况,及时调节充氧阀门,除去水面漂浮的残渣及死苗。途中如发现鳅苗浮头需换水时,水质一定要清新,防止污染或太肥的水换入,水温相差 5 ℃以上的水不能大量换入,换水量一般为 1/2~1/3。换水操作应仔细,防止鳅苗受伤。在途中因换水、增氧不便鱼种出现异常时,可在水中加入一定的药物,以抑制水中的细菌活动,减轻污物的腐败分解。常用的有硫酸铜(浓度 0.7 mg/L)、氯化钠(浓度3%)和青霉素(每篓 10 000 国际单位)。为避免长时间停车或预防意外,可施用增氧剂应急,或通过拍打帆布篓增加溶氧,提高成活率。

四、鳅苗运输后的技术处理

（一）温差调节

无论采用哪种运输方法,鳅苗到达目的地后,应做好温度调节和降低苗体血液内的二氧化碳浓度,之后才能放养。这对长途运输的鳅苗尤为重要,否则将前功尽弃。封闭式运输时,先将氧气袋放入待放养的池内,应尽可能使运输鳅苗的水温与准备放养的环境水温相近(两者最大温差不能超过 3 ℃,否则会造成鳅苗死亡),再将袋口打开,把鳅苗放入网箱内,并保持箱内水流通畅,待鳅苗体恢复正常后迅速下塘。

(二)鳅苗消毒

鳅苗经过长途运输,或多或少都会受一点损伤,尤其是体表黏液脱落较多,且鳅苗受伤后易继发水霉病,所以在放养前应对所有鳅苗进行消毒,可用浓度3%～4%的食盐水浸洗5～10 min,能有效防治鳅苗继发感染。

第九章 泥鳅苗种的疾病防治与预防

第一节 泥鳅苗种的常见疾病防治

泥鳅苗种疾病的发生与本身的抵抗力、病原体的致病力及养殖环境的变化密切相关。鳅苗生活水体环境的变化不但直接影响鳅苗的生长发育,而且会导致病原体的生长繁衍。因此,在鳅苗养殖过程中,疾病防治必须引起养殖户的高度重视。

一、传染病的防治

(一)赤皮病

1. 病原病因

由鳅体擦伤、水质恶化、感染荧光假单胞菌引起。

2. 病症和病理变化

病鳅体表充血发炎,鳍、腹部皮肤及肛门周围充血、溃烂;尾鳍、胸鳍充血并烂掉;鳍条间的组织常被破坏呈扫帚状。

3. 流行情况

全年均有流行。

4.诊断方法

根据体表炎症和体色诊断。本病病原菌不能侵入健康泥鳅的皮肤,因此机械损伤史有助于该病的诊断。

5.防治

每立方米水体用1 g 痢特灵或漂白粉全池泼洒,或用环丙沙星拌料投喂,每千克泥鳅用药 10～15 mg。

(二)出血病

1.病原病因

该病由综合因素诱发,具体由哪种细菌引起有待证实。

2.病症和病理变化

病鳅体表呈点状、块状或弥散状充血、出血,内脏也有出血,患病多为群发或爆发,呈败血症现象。

3.流行情况

早春至 10 月易发。

4.诊断方法

根据患病鱼体表充血、出血等症状诊断。

5.防治

用漂白粉或二氯异氰尿酸钠全池泼洒,或每千克泥鳅使用10～15 mg的环丙沙星拌料投喂。

(三)肠炎病

1.病原病因

由肠型点状气单胞杆菌感染引起。

2.病症和病理变化

病鳅肠壁充血发炎,腹部膨大,有红斑,体色变黑,肛门红肿,肠道紫红色,有黄色黏液。此病常与烂鳃病、赤皮病并发。

3.流行情况

水温 20 ℃以上易流行。

4.诊断方法

根据病症可初步确诊。

5.防治

犬齿泼洒漂白粉或口服呋喃唑酮。

(四)打印病

1.病原病因

嗜水气单胞杆菌引起。

2.病症和病理变化

病鳅在肛门附近出现溃疡红斑。

3.流行情况

流行于 7~9 月。

4.防治

$1 g/m^3$ 的二氧化氯化浆全池泼洒。

(五)烂鳃病

1.病原病因

养殖密度大,水质差,鳅体感染柱状屈挠杆菌,引起鳃组织腐烂所致。

2.病症和病理变化

病鳅体色发黑,鳃丝腐烂发白,尖端软骨外露,鳃上有污泥,多黏液,严重者"开天窗"。

3.流行情况

水温 15 ℃以上时均易发。

4. 防治

用漂白粉泼洒消毒或口服呋哌酸。

二、寄生虫病的防治

（一）杯体虫病

1. 病原病因

杯体虫引起。

2. 病症和病理变化

病鳅漂浮水面,游动吃力,状似缺氧浮头。鱼体发黑,仔细观察可见其鳃盖后缘略发红,鳍条残损。刺激鳃丝黏液分泌增加,鳃丝水肿充血,血窦数量明显增加,大量虫体寄生时,病鱼离群独游,不摄食,呼吸频率加快。

3. 流行情况

该病是由杯体虫附着在泥鳅苗种的皮肤、鳃上引起的寄生虫病。全国各养鳅地区都有发生,若大量寄生在体长 1.5~2 cm 的鳅苗上,会造成鳅苗呼吸困难,严重时导致寄主死亡。该病一年四季均会发生,以 5~8 月较为普遍。

4. 诊断方法

取鳃丝制成水封片,在显微镜下观察可以看到吊钟状虫体附于鳃上。

5. 防治

（1）预防主要是在鳅种放养前用 8 mg/L 硫酸铜和溶液浸洗15~20 min。

（2）发病后,每立方米水体用 0.7 g 硫酸铜和硫酸亚铁合剂(5:2)化水全池泼洒。

(二)车轮虫病

1.病原病因

由车轮虫寄生在泥鳅苗种的体表及鳃部引起的寄生虫病。

2.病症和病理变化

患病的鳅苗摄食量减少,影响鳅体生长;常出现白斑,甚至大面积变白。离群独游,行动迟缓、呆滞,呼吸吃力。严重时虫体密布体表及鳃部,治疗不及时会引起死亡。刚孵育不久的鳅苗感染严重时,苗群沿池边绕游,狂躁不安,直至鳃部充血、皮肤溃烂而死。

3.流行情况

全国泥鳅养殖地区都有发生,流行于 5~8 月,是鳅苗培育阶段常见疾病之一。

4.诊断方法

取病鳅的鳃片或刮取体表黏液,置低倍显微镜下观察,可见车轮状的虫体旋转游动。

5.防治

(1)夏花鱼种下塘前用2%食盐溶液浸洗 15 min,视鱼种忍耐程度酌情增减时间;或用 8 mg/L 硫酸铜溶液浸洗 20~30 min 进行鱼体消毒。

(2)治疗时每立方米水体用0.7 g 硫酸铜和硫酸亚铁合剂(5:2)化水全池泼洒,连用 2 d。

(3)每 100 m² 面积用苦楝新鲜枝叶 5 kg 煎水后全池遍洒。

（三）侧殖吸虫病（俗称"闭口病"）

1. 病原病因

由日本侧殖吸虫、东方侧殖吸虫引起。

2. 病症和病理变化

患病鳅苗闭口不食，生长停滞，游动无力。群集下风口，俗称"闭口病"。解剖病鱼，可见吸虫充塞肠道，前肠部尤为密集，肠内无食。

3. 流行情况

全国均有流行，泥鳅是其主要终末宿主，但危害不严重。

4. 诊断方法

采集病鱼肠中的虫体，染色制片后用显微镜观察鉴定，也可用显微镜进行活体观察。

5. 防治

（1）生石灰清塘，以杀灭螺蛳。

（2）鱼种患病后，可用晶体敌百虫 0.2 mg/L 全池泼洒。

（四）毛线吸虫病

1. 病原病因

毛线吸虫球入泥鳅肠道引起。

2. 病症和病理变化

患病泥鳅，大量寄生虫充满肠道，造成泥鳅消瘦，并伴有水膨胀病，严重者死亡。

3. 流行情况

主要危害当年鱼种。

4.诊断方法

刮去泥鳅苗种肠道内容物,制片镜检可见虫体,即可进行诊断。

5.防治

(1)泥鳅苗种入池前,先用生石灰遍撒消毒。

(2)发病后,可按每50 kg泥鳅用5 g晶体敌百虫拌入1.5 kg豆粉饼内,做成绿豆大小的药丸投喂。

(3)每立方米水体用含90%的晶体敌百虫0.7~1.0 g,溶水后泼洒。

(4)用左旋咪唑拌料饲喂,每10 kg泥鳅用药1.2 g,连喂3~5 d。

(五)三代虫病

1.病原病因

由三代虫引起。

2.病症和病理变化

当少量寄生时,鱼体摄食及活动正常,仅鳃丝黏液增生;当大量寄生时,泥鳅体表无光泽,游态蹒跚,无争食现象或根本不近食台。逆水窜游或在池壁摩擦,鳃丝充血,鳃黏液分泌严重增加,严重时鳃水肿、黏连。

3.流行情况

主要流行5~6月,对幼苗危害较大。

4.诊断方法

取病鳅鳃或体表黏液做成封片在显微镜下观察,看到大虫体即可确诊。

5. 防治

(1)20 mg/L 高锰酸钾的溶液,在水温 10～25 ℃的情况下浸洗鱼体 10～30 min。

(2)用 95% 晶体敌百虫浓度为 0.2～0.3 mg/L 全池泼洒。

(3)用 5% 食盐溶液浸洗 5 min。

(4)用 200～250 mg/L 福尔马林溶液浸洗病鳅 25 min 或 25～30 mg/L 全池泼洒。

(六)小瓜虫病

1. 病原病因

由多子小瓜虫引起的寄生虫病。

2. 病症和病理变化

病鳅的皮肤、鳍、鳃、口腔等处布满小白点,肉眼可见,故又称白点病。当病情严重时,体表似有一层白色薄膜,鳞片脱落,鳍条裂开、腐烂。病鱼体色发黑、消瘦、游动迟缓,不时在其他物体上摩擦,不久即离群死亡。

3. 流行情况

小瓜虫对脊柱没有年龄选择,从鳅苗到成鱼都受其侵害,是对当年的鳅苗、鳅种危害最为严重的疾病之一。主要流行于春末夏初,温度 15～25 ℃。

4. 诊断方法

病鱼皮肤、鳍、鳃等处有小白点,镜检时,虫体马蹄形大核非常显著。

5. 防治

(1)生石灰彻底清塘,杀灭小瓜虫的胞囊。

（2）放养鱼种前，若发现有小瓜虫，每立方米水体加入 250 mL 福尔马林，浸洗 15～20 min。

（3）用亚甲基蓝 1～3 mg/L 全塘（池）泼洒，每隔 4 d 泼洒 1 次，连用 3 次。

（4）每亩每米水深，使用辣椒粉 250 g、生姜干片或鲜生姜 500 g，混合加水 10 kg 煮沸，熬成辣姜汤，冷却后全池泼洒，每天 1 次，连续 3 次，晴天中午泼洒。

（七）隐鞭毛虫病

1. 病原病因

隐鞭毛虫寄生鱼体鳃部、鼻腔、皮肤及血液等处引起。

2. 病症和病理变化

早期没有明显症状，镜检发现虫体，鳃部少量充血。严重时病鳅行动迟缓，呼吸急促，浮于水面，食欲大减。体表暗淡无光，黏液厚重并有胶质感，最后僵硬而死。

3. 流行情况

我国长江中下游及东北等地均有发生，发病季节为 7～9 月。

4. 诊断方法

从寄生部位取少量样制成涂片，镜检时能发现虫体扭曲运动，有前后各一鞭毛。

5. 防治

（1）对入池前发现有隐鞭毛虫寄生的鱼种，用 8 mg/L 的硫酸铜水溶液或硫酸铜和硫酸亚铁合剂（5∶2）水溶液药浴 15～30 min；或 15～20 mg/L 的高锰酸钾水溶液药浴

15~30 min;或2%~4%的食盐水药浴5~10 min。

（2）流行季节,食台用硫酸铜和硫酸亚铁合剂(5:2)挂袋。

（3）鱼池发生此病时,用硫酸铜和硫酸亚铁合剂(5:2)全池泼洒,使池水成0.7 mg/L的浓度。

（八）锥体虫病

1. 病原病因

锥体虫引起。其传播与繁殖与蛭类有关:鱼蛭吸食病鱼血液后,锥体虫随血液进入鱼蛭并在其消化道内繁殖,当鱼蛭再吸食鱼血时便将锥体虫传播给了下一条鱼。

2. 病症和病理变化

一般没有明显异状,偶见食欲降低,精神萎靡,严重时鱼体虚弱消瘦,并有贫血。

3. 流行情况

全国各地均有发生。多种鱼类均会感染,虽然危害不大,但由于泥鳅极易遭鱼蛭袭击,且习惯寄生泥鳅这一冬季入泥鱼类借以保温,故应多加防范。

4. 诊断方法

镜检鳅血时,如见血滴边缘扭曲运动的虫体,即可确诊。

5. 防治

（1）诱杀鱼蛭,切断蛭类的传播途径。

（2）保持水体微生态平衡,使水质符合渔业水质标准。

三、真菌性疾病及其他

（一）水霉病（又名肤霉病或白毛病）

1. 病原病因

由水霉、腐霉等真菌引起。主要是由于鳅体受伤，霉菌孢子在伤口繁殖并侵入机体组织。

2. 病症和病理变化

肉眼可以看到发病处簇生白色或灰色棉絮状物，貌似"白毛"。患病鳅体行为缓慢，食欲减退，瘦弱致死。

3. 发病情况

在低温阴雨天气，鳅卵孵化过程。

4. 诊断方法

根据体表炎症可初步诊断。

5. 防治

对鳅卵防治措施：用5‰食盐水浸洗卵 1 h，连续用 2~3 d；或用0.04%的食盐加0.04%的小苏打浸洗 20~30 min。对病鳅用2%~3%的食盐水浸洗 5~10 min；也可用医用碘酒或1%的高锰酸钾涂于鳅病灶；还可用 0.04%的食盐加0.04%的小苏打全池泼洒。

（二）气泡病

1. 病因

水体中氧或其他气体过多引起的。

2. 病症

病鱼肠道充气，常腹部向上，静止漂浮于水面上。

3. 流行

该病在鳅苗阶段最易发生。

4. 防治

（1）加水前充分曝气。

（2）发病时,立即加入新鲜的水,并用食盐溶液全池泼洒,用量为 4～6 kg/亩。

（3）发病后适当提高水体 pH 和透明度,具有很好的缓解作用。

（三）白尾病

1. 病因

由一种黏球菌引起的。

2. 病症

初期鳅苗尾柄部位灰白,随后扩展至背鳍基部后面的全部体表,并由灰白色转为白色,鳅苗头朝下、尾朝上,垂直于水面挣扎,严重者尾鳍部分或全部烂掉,随即死亡。

3. 防治

（1）将"三黄散"加入 25 倍量的 0.3% 氨水浸泡,连汁带渣全池泼洒,使水体浓度为 3 g/m³。

（2）"强氯"溶于水,全池泼洒,使池水浓度为1 g/m³。待 4 h 后,再泼洒五倍子浸泡液使池水浓度为3 g/m³,以促使病灶迅速愈合。

（四）红环白身病

1. 病因

泥鳅捕捉后长期蓄养所致。

2. 病症

病鳅体表及各鳍条呈灰白色,体表出现红色环纹,严重时患处溃疡。

3. 防治

（1）泥鳅放养后用 1 mg/L 漂白粉泼洒水体。

（2）将病鳅移入净水池中暂养一段时间，能起到较好效果。

（五）烂口病

1. 病因

泥鳅在捕捞、运输和放养初期，头部受到损伤，继而细菌感染和原虫寄生，病鱼不能进食，逐渐衰竭死亡。

2. 病症

病鳅呆滞水面或池底，行动迟缓，口部发白，病鳅上颌溃烂，成白色棉絮状，或露出上颌骨，头部胡须或断，下颌轻微充血。

3. 诊断

根据颌部的病症可初步确诊，取病变部位进行镜检，发现有少量车轮虫等原虫寄生。

4. 防治

（1）保证苗种质量。

（2）放养前做好清塘消毒准备。

（3）肥水下塘以提高苗种成活率。

（4）对于已患病鳅，应先杀虫、后杀菌、再调水，同时内服药饵。

（六）水质不良、鱼厌食

1. 病症

水质发黑，透明度变小，鱼长时间摄食量小或厌食等。

2. 防治

（1）全池泼洒特效底爽，1～2 kg/亩；第二天200～300 g/亩德普清水素长久巩固。

（2）全池泼洒水速清（1 kg/亩）。

（七）生物敌害

在泥鳅苗种培育过程中，要清除蛇、乌鳢、水蜈蚣、红娘华、乌龟、蜻蜓幼虫等，防止其侵袭和危害。

在放养鳅种前彻底清塘，饲养管理期间，及时清除生物敌害，尤其加强鳅苗鳅种池的管理。清除水蜈蚣、红娘华：全池泼洒$0.5～1$ g/m^{3}的敌百虫晶体化水；煤油灯诱捕夹子虫和水蜈蚣；硫黄粉1.5 kg/亩撒于池堤四周，驱赶水蛇。

（八）非生物敌害

主要是由于农药中毒导致的，应防止污染水和有毒有害物流入放养池。

第二节　泥鳅苗种疾病预防措施

一般来说，鳅苗在培育过程中发病多是日常管理和操作不当而引起的，一旦发病，治疗起来也很困难。因此，对鳅苗的疾病应以预防为主，归纳起来有以下几方面的措施：

（1）鳅苗的培育环境要选择在避风向阳、靠近水源的地方进行。

鳅苗对水质的要求不苛刻,但被农药污染或化学药物浓度过高的水不能作为泥鳅养殖用水。苗种放养前,要将池塘进行彻底清整、消毒,并在池塘中种植一些水生植物,给鳅苗提供一个遮阴、舒适、安静的生活环境。同时,水生植物的根部还为一些底栖生物的繁殖提供场所,为鳅苗提供天然饵料。

(2)要选择体质健壮、活动力强、体表光滑、无病无伤的泥鳅苗种。

在鳅苗下池前进行严格的苗体消毒,杀灭苗体上的病菌,同时使苗体处以应激状态,促进鳅苗分泌大量黏液,在下池后,能避免病原体感染。

(3)确定合理的放养密度。

在鳅苗培育期间,如放养太稀,则造成水面资源的浪费;放养过密,则容易导致鳅苗生病。

(4)定期加注新水,改良池水水质,增加池水溶氧,调节池水水温,减少疾病的发生。

要注意的是,在加注新水时,每次的换水量不宜过大,一般以换掉池水的 1/5 左右为宜;在换水时要注意,在注入地下水或冷浸水时,要进行充分的曝气和自然升温,避免因池水温度忽高忽低而引发疾病。

(5)加强饲料管理工作。

泥鳅是一种杂食性淡水经济鱼类,尤其喜食轮虫、水蚤、丝蚯蚓及其他浮游生物;动物性饲料一般不宜单独投喂,否则容易引起鳅苗贪食不消化、肠呼吸不正常、"胀气"而死亡;对腐臭变质的饲料绝不能投喂,否则鳅苗易发肠炎等疾病。

(6)在鳅苗培育过程中,定期用药物进行全池泼洒消毒,调节水质,杀灭池中的致病菌。

在鳅苗培育期间抓好水质培育是降低培育成本的有效措施,同时符合鳅苗生理生态要求,可弥补人工饲料营养不全和摄食不均匀的缺点,还可以减少病害发生,提高产量。放养后根据水质使用追肥,保持水质一定肥度,使水体始终处于活爽状态。

第十章 泥鳅的生态孵化及育苗实证研究

经过长期的生产实践,编者掌握了泥鳅孵化及育苗的关键技术,同时加以总结形成技术规范,并在生产中得到应用,取得了良好的效果,从而为实现泥鳅的规模化、产业化生产目标提供技术保障。本章从泥鳅的孵化和育苗两个阶段入手,利用此项技术规范,以2013~2014年河南省中科院成果转移转化中心生态环境分中心实验基地实际生产试验为例,进行两种孵化方式和不同育苗模式生产实践对比研究,为泥鳅的生态孵化及育苗提供实证借鉴。

第一节 泥鳅人工孵化与生态孵化对比

通过传统"杀雄取精挤卵孵化"与"环道网箱生态孵化法"效果的比较,阐明了生态孵化法的优势,为提高泥鳅人工繁殖技术提供理论依据,为泥鳅产业化发展提供技术保障。

2013~2014年,在河南省中科院成果转移转化中心生态环境分中心实验基地进行了2年的"环道网箱生态孵化法"大批量试验,采取的是"催产注射—雌雄混合—

自然产卵受精—微流水孵化"等过程,实现了产卵受精与孵化过程的一体化,同时实现亲本产卵后的及时自动分离,大大降低了亲本及生产环节中对卵粒的破坏,减少了劳动强度和工作量。在该过程中,编者分别同步进行了2个批次传统的"杀雄取精挤卵孵化"试验加以比较,试验如下。

一、材料与方法

(一)泥鳅亲本

在河南省中科院成果转移转化中心生态环境分中心实验基地选取生长良好、个体健壮的雌本(20~30 g/尾)、雄本(15~20 g/尾),并在池中强化培育、暂养7~10 d后,进行"环道网箱产卵孵化"。

(二)环道网箱产卵孵化方法

见第四章第一节。

(三)催产方案

见第五章第三节。

(四)测定指标

$$受精率 = \frac{发育到高囊胚期时发育正常的受精卵}{参与受精过程的总卵数} \times 100\%$$

$$孵化率 = \frac{孵化出的幼苗数}{受精卵数量} \times 100\%$$

$$幼苗成活率(出苗率) = \frac{放苗时幼苗数}{刚孵化完成时幼苗数 \times 100\%}$$

二、结果与分析

（一）两种孵化方法受精率比较

试验结果（见表10-1）表明："环道网箱产卵孵化法"的受精率平均为94.93%；传统的"杀雄取精挤卵孵化法"受精率为54.7%。"环道网箱产卵孵化法"首先提高了受精率，一方面是其产卵成熟度高，另外受精过程及时自然，理论上受精率应该更高。

（二）两种孵化方法孵化率比较

试验结果（见表10-1）表明："环道网箱产卵孵化法"的孵化率平均值是91.77%，这个数据显著高于传统"杀雄取精挤卵孵化法"10%以上。由此可见，采用"环道网箱产卵孵化法"可以显著提高泥鳅幼苗的孵化率，其主要原因在于泥鳅属于分期产卵鱼类、卵粒分期成熟，"环道网箱产卵孵化法"产卵受精模式是泥鳅生物本能过程，卵的成熟度和卵的受精率高，因此才会有着显著的效果。而传统孵化受精过程人工操作，受人为因素影响较多，操作过程、熟练程度等都有较多的随机性和不确定性。

（三）两种孵化方法幼苗成活率比较

"环道网箱产卵孵化法"开口期幼苗（出苗7 d内）成活率为78.02%，而传统"杀雄取精挤卵孵化法"孵化方法幼苗的成活率为64.91%。这主要是传统的孵化方法杀雄取精—人工挤卵和手工受精过程对受精卵的损害难以避免，即使卵能够受精、孵化出膜，产生的幼苗也会受到不同程度的影响，因此其幼苗的畸形率较高，死亡率高于"环道

表10-1 "杀雄取精挤卵孵化法"与"环道网箱生态孵化法"效果试验对比

批次	日期(年-月-日)	母本数量 尾数	母本数量 重量	孵化方式	产卵量	受精率(%)	孵出幼苗	孵化率(%)	放苗数量	幼苗成活率(%)
1	2013-06-07	350	7.8	2	972 000	95.80	865 000	92.89	721 000	83.35
2	2013-06-12	350	8.1	2	910 000	92.60	786 000	93.28	621 000	79.01
2	2013-06-12	350	8.7	1	890 000	59.20	425 000	80.57	256 000	60.24
3	2013-06-22	450	10.5	2	1 140 000	96.80	1 002 000	90.80	732 000	73.05
4	2013-07-03	450	10.6	2	1 210 000	91.40	983 000	88.88	685 000	69.68
5	2014-05-08	400	8.7	2	1 120 000	96.80	1 020 000	94.08	792 000	77.65
5	2014-05-08	400	9.1	1	1 070 000	62.35	522 000	81.21	364 000	69.73
6	2014-05-15	400	8.4	2	1 040 000	98.50	953 000	93.03	793 000	83.21
7	2014-06-11	500	11.4	2	1 220 000	94.70	1 060 000	91.75	845 000	79.72
8	2014-07-13	500	10.5	2	1 170 000	92.80	971 000	89.43	762 000	78.48
平均						94.93		91.77		78.02

注:孵化方式1:代表传统的"杀雄取精挤卵孵化法";孵化方式2:代表"环道网箱生态孵化法"

网箱产卵孵化法"。通过观察,传统"杀雄取精挤卵孵化法"幼苗死亡主要在孵化后的第2、3、4、5 d,而"环道网箱产卵孵化法"泥鳅幼苗死亡主要在孵化后的第3、4 d。实证研究表明,采用"环道网箱产卵孵化法"可以显著提高泥鳅幼苗的成活率。

三、讨论

本项目主要进行了传统"杀雄取精挤卵孵化法"和我们创新的"环道网箱生态孵化法"的效果对比(见表10-2)。

表10-2 2种孵化方法对比

比较内容	环道网箱产卵孵化法	杀雄取精挤卵孵化法
主要步骤	自然产卵、受精、环道微流水孵化	杀雄取精、挤卵人工授精
受精率(%)	94.93	54.70
孵化率(%)	91.77	75.00
成活率(%)	78.02	57.49
缺点	需及时即时调节水流水位,有一定经验、技术要求	挤卵费时费工;易造成亲本损伤死亡;受精率、孵化率、成活率偏低,受人为因素影响明显;工作烦琐、工作量大
优点	省工、省时,劳动量小;亲本无损伤;孵化率、成活率高;规模化繁育	规模化繁育

从表 10-2 可知,"环道网箱产卵孵化法"具有工作量小、孵化率高、产卵成熟度高、受精率高、孵化率高的优势。

四、结论

本试验研究表明,与传统"杀雄取精挤卵孵化法"相比,"环道网箱生态孵化法"可以达到以下目的:

（1）受精率达到 94.93%,比传统方法受精率提高40%。

（2）孵化率达到 91.77%,比传统方法孵化率高15%。

（3）出环道时幼苗成活率达到75%,比传统方法幼苗的成活率提高23%。

（4）大大降低亲本的死亡率,节约生产成本。

第二节　泥鳅育苗模式

一、材料与方法

（一）幼苗来源

在河南省中科院成果转移转化中心生态环境分中心实验基地选取培育的幼苗,经过 72 h 开口期后,采集并统计幼苗进行"池塘网箱"育苗模式和"池塘直接放养"育苗模式的幼苗培育试验。

（二）测定方法

自泥鳅幼苗从孵化环道分离出来后,根据设置的密度分别放养到不同的网箱进行"池塘网箱"育苗模式试验。然后根据设定的时间,测定各个模式水质参数和泥鳅幼苗的生长情况,由于初期泥鳅幼苗太弱,只测定其长度,不测定其体重,20 d时,开始测定其体重,在测定体重时,用餐巾纸适当吸收其体表的水分,并在测定后及时放回水中。

体长测定:直尺直接测量。

体重测量:用1/10 000的电子天平。

水质参数:GDYS系列仪器测定。

温度:用XM2000温度测定仪直接测定。

pH值:pH计测定。

溶解氧:RJY-1A便携式溶氧测定仪测定。

成活率:计算每个类型投放幼苗数量,经过52 d的观测和记录,收集每一种类型成活下来的幼苗数量,根据投放进去的数量计算成活率。成活率=成活幼苗的数量/投放的幼苗数量×100%。

二、试验设计

(一)试验方案

本研究利用在不同密度下"池塘网箱"育苗模式进行泥鳅育苗试验研究,重点通过幼苗的成活率和生长速度两个重要指标判断育苗的效果,从不同育苗模式进行育苗的试验研究。

"池塘网箱"育苗模式:泥鳅池塘的水深一般在1 m左右,根据泥鳅网箱的容积设置放养的密度,共设置3个密度,分别标记为处理 A(5 000 尾/m³)、处理 B(4 000 尾/m³)、处理 C(3 000 尾/m³),为了保证外界水环境参数一致,3 个处理都放置同一个池塘,并采用同时喂养、同时管理。

"池塘直接放养"育苗模式:主要是通过放苗前的围网、消毒、杀虫等过程,最大限度地免除泥鳅幼苗在自然生长过程中的有害因素,尤其是幼苗天敌。这种育苗模式主要考虑采取的安全措施是否能够达到保护幼苗的目的。

(二)试验内容

(1)不同育苗模式下幼苗的生长率。

(2)不同育苗模式下幼苗的成活率。

三、"池塘网箱"育苗模式结果与分析

(一)不同放养密度下泥鳅幼苗体长变化情况

由图 10-1 可知,泥鳅幼苗体长的生长速度最快的时间是在放苗后的第 12~25 d,3 种放养密度的处理均是如此,在 25~52 d,泥鳅幼苗的生长速度都已经减慢。另外在第 15 d 之前,A 处理(5 000 尾/m³)的泥鳅幼苗生长缓慢,而 B(4 000 尾/m³)和 C(3 000 尾/m³)幼苗生长较快,且 A 与 B、C 的差异明显。从第 20 d 开始,A 与 B 的体长接近,且明显低于 C 的体长生长速度;C 一直保持比较高的生长速度,这主要是其密度低,竞争压力较小的结果。

(二)不同放养密度下泥鳅幼苗体重变化特点

从图 10-2 可以发现,C 处理(3 000 尾/m³)的泥鳅幼

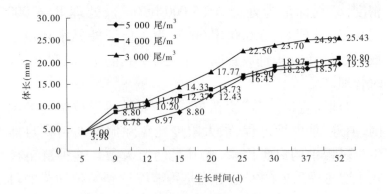

图 10-1 "池塘网箱"育苗模式下泥鳅幼苗的体长生长情况

苗的体重增长较快,在第 30 ~ 37 d 内,体重增加不明显,其余时间内,体重生长较快。而 A 处理(5 000 尾/m³)的泥鳅幼苗的体重在第 30 d 后明显低于 B 和 C,由此可以看出,密度对泥鳅幼苗的体重生长有显著的影响,尽管 A 的最终成活率较低,这说明最初的生长阶段对泥鳅幼苗的生长有较强的影响,这还需要进一步观察研究。

(三)不同放养密度下泥鳅幼苗的成活率

图 10-3 展示了不同密度处理泥鳅幼苗的成活率,从图 10-3 可知,A 处理的幼苗成活率最低,只有 21.50%,这也许是最初的密度太大,导致的竞争激烈的结果。处理 B 和 C 幼苗的成活率分别为 45.28% 和 47.07%,表面看,幼苗成活率随着密度减少而增加的趋势,但是由于设置的密度类型较少,这需要设置更多的密度来寻找其最适合的密度类型。从"池塘网箱"育苗模式的成活率效果来看,由于网箱抵挡了外来的很多天敌,幼苗成活率明显高

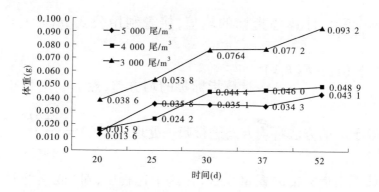

图 10-2 "池塘网箱"育苗模式下泥鳅幼苗的体重生长情况

于"池塘直接放养"的成活率,"池塘网箱"育苗模式成活率最高达到 47.07% ,是一种可以选择的育苗模式,其主要缺点是工作量较大,需要经常对网箱进行检查处理。

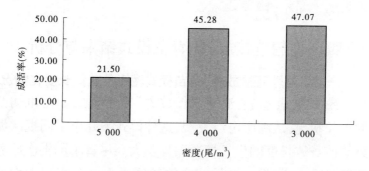

图 10-3 "池塘网箱"育苗模式下不同密度处理泥鳅幼苗的成活率

(四)不同放养密度下泥鳅幼苗效果比较

选择密度、体重生长、体长生长、成活率、成活绝对数量等 5 个指标,对数据进行标准化处理,利用公式 $E(F_j)$

$= \dfrac{1}{m} \sum\limits_{i=1}^{m} Y_{ij}$ 计算各指标的均值, 接着利用公式 $\sigma(F_j) =$

$\sqrt{\dfrac{\sum\limits_{i=1}^{m}(Y_{ij} - E(F_j))^2}{n}}$ 计算指标集的均方差, 然后利用列和

等于 1 的方法将均方差进行归一处理, $W(F_j) = \dfrac{\sigma(F_j)}{\sum\limits_{i=1}^{m} \sigma(F_i)}$

计算出指标集的权重系数, 在这个过程中, 对"成活绝对数量"进行双倍加权, 最后利用 $D_i(W) = \sum\limits_{i=1}^{m} Y_{ij} W(F_j)$ 进行排序计算。对数据进行均方差分析得出 3 个处理 A、B、C 泥鳅幼苗的综合指标分别为 0.038、0.247、0.193, 从数据分析来看, 选择处理 B 进行育苗是最佳的育苗模式(见表 10-3 ~ 表 10-5)。

四、"池塘直接放养"育苗模式结果与分析

(一)"池塘直接放养"育苗模式泥鳅幼苗体长变化情况

图 10-4 表示了"池塘直接放养"育苗模式下泥鳅幼苗的生长状况, 从图中可以发现, 这种模式下几个不同批次泥鳅幼苗身体长度的生长情况差异不大。尽管不同批次放养的数量不一样, 但是在幼苗个体长度方面没有表现太大的差异。与"池塘网箱"育苗模式相比, 经过 50 ~ 60 d 育苗, "池塘直接放养"育苗模式个体的长度大多在 25 ~ 30 mm, 而"池塘网箱"育苗模式个体长度最大在 20 ~ 25 mm。因此, "池塘直接放养"育苗模式对于生长比较有利。

表 10-3 "池塘网箱"育苗模式 A 处理生长状况

"池塘网箱"育苗模式(放养密度 5 000 尾/m³,每个网箱放养 30 000 尾)

时间 (d)	A1		A2		A3	
	体长 (mm)	体重 (g)	体长 (mm)	体重 (g)	体长 (mm)	体重 (g)
5	4.00		4.10		3.85	
9	6.80		8.60		6.75	
12	6.90		7.10		6.90	
15	8.70		8.80		8.90	
20	12.30	0.013 3	12.60	0.012 3	12.40	0.015 3
25	16.30	0.036	16.60	0.035 9	16.40	0.035 4
30	18.00	0.035 1	18.50	0.034 9	18.20	0.035 4
37	18.40	0.034 1	18.70	0.034 5	18.60	0.034 3
52	19.60	0.043	19.80	0.042 5	19.20	0.043 7
成活数量	7 300		6 200		5 800	
成活率(%)	24.50		20.67		19.33	
平均成 活率(%)			21.50			

表 10-4 "池塘网箱"育苗模式 B 处理生长状况

"池塘网箱"育苗模式(放养密度 4 000 尾/m³,每个网箱放养 24 000 尾)

时间 (d)	B1		B2		B3	
	体长 (mm)	体重 (g)	体长 (mm)	体重 (g)	体长 (mm)	体重 (g)
5	4.00		4.00		4.00	
9	9.00		8.60		8.80	
12	10.00		10.40		10.20	
15	12.50		12.10		12.50	
20	13.50	0.015 6	13.80	0.016	13.90	0.016 2
25	16.80	0.023 9	17.00	0.024 3	16.90	0.024 5
30	18.70	0.044 3	19.00	0.044 1	19.20	0.044 8
37	19.50	0.045 6	19.50	0.046 1	19.70	0.046 2
52	20.60	0.048 5	20.80	0.048 8	21.00	0.049 3
成活数量	12 000		10 800		9 800	
成活率(%)	50.00		45.00		40.83	
平均成 活率(%)			45.28			

表 10-5 "池塘网箱"育苗模式 C 处理生长状况

"池塘网箱"育苗模式(放养密度 3 000 尾/m³,每个网箱放养 15 000 尾)

时间 (d)	C1		C2		C3	
	体长 (mm)	体重 (g)	体长 (mm)	体重 (g)	体长 (mm)	体重 (g)
5	4.10		4.00		4.00	
9	10.10		10.20		10.10	
12	11.00		11.20		11.40	
15	14.50		14.30		14.20	
20	17.60	0.038 4	17.80	0.038 8	17.90	0.038 5
25	22.50	0.054	22.20	0.053 3	22.80	0.054 2
30	23.40	0.076	23.70	0.076 5	24.00	0.076 6
37	24.80	0.076 9	25.00	0.077 2	25.00	0.077 5
52	25.40	0.092 6	25.60	0.093 6	25.30	0.093 4
成活数量	6 800		7 280		7 100	
成活率(%)	45.33		48.53		47.33	
平均成 活率(%)			47.07			

表 10-6 "池塘直接放养"育苗模式育苗试验

批次	放苗日期 (年-月-日)	水面	放苗 数量 (万)	第 20 d		第 30 d		第 45 d		第 60 d		成活 苗数 (万)	成活 率 (%)
				体重 (g)	体长 (mm)	体重 (g)	体长 (mm)	体重 (g)	体长 (mm)	体重 (g)	体长 (mm)		
1	2012-05-15	3	28	0.015 6	15.1	0.076 3	22.3	0.151 8	26.3	0.240 3	31.4	9.1	32.50
2	2012-06-06	3	36	0.014 8	14.6	0.072 2	19.8	0.148 6	24.6	0.220 2	29.1	11.5	31.94
4	2013-06-15	3	63	0.015 1	14.2	0.061 6	18.7	0.1146	23.6	0.178 3	28.2	18.5	29.37
5	2013-06-26	3	73	0.014 6	14.4	0.056 8	18.1	0.120 4	23.8	0.188 5	29.6	12.6	17.26
6	2013-07-07	3	68	0.014 1	14.3	0.062 5	19.2	0.130 0	25.1	0.176 2	30.7	12.7	18.69
7	2013-07-30	3	100	0.014 3	14.1	0.071 2	20.1	0.112 4	24.6	0.172 9	29.8	21.9	21.91

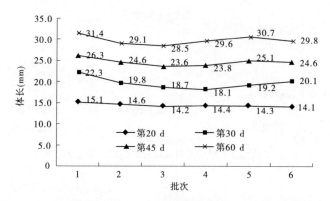

图 10-4 "池塘直接放养"育苗模式泥鳅幼苗体长生长情况

（二）"池塘直接放养"育苗模式泥鳅幼苗体重变化特点

图 10-5 表示了"池塘直接放养"育苗模式下泥鳅幼苗体重生长变化情况。由图 10-5 可知,第 1、2 批次最后个体质量略高于后面的几批,这可能是由于季节变化对泥鳅幼苗生长产生的影响,前 2 批主要是 5、6 月放的苗,适合生长的季节,到 7 月放苗,由于气温较高,对泥鳅幼苗的生长会有一定的影响。

（三）"池塘直接放养"育苗模式泥鳅幼苗的成活率

图 10-6 展示了"池塘直接放养"育苗模式下泥鳅幼苗的成活率。从图 10-6 可知,"池塘直接放养"育苗模式的幼苗成活率最高为 32.50%,最低的成活率只有 17.26%。"池塘网箱"育苗模式的成活率最高为 47.07%,最低为 21.50%,从幼苗成活率来看,"池塘网箱"育苗模式明显高于"池塘直接放养"育苗模式。

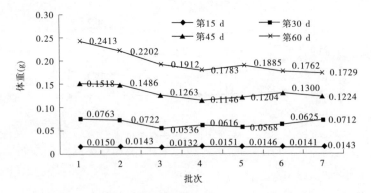

图 10-5　"池塘直接放养"育苗模式泥鳅幼苗体重生长情况

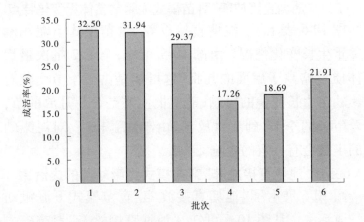

图 10-6　"池塘直接放养"育苗模式泥鳅幼苗成活率

五、结论

（一）育苗模式对泥鳅幼苗生长的影响

泥鳅育苗是一个热点，更是一个难题。无论试验如何设计都是考虑一些主要因素，忽略一些因素。就选择的育苗模式来看,主要是选择了一些可控的因素,但往往为了保证这些可控因素,就必须降低其他条件的管理。

通过本研究我们得出"池塘直接放养"育苗模式幼苗生长较快,而"池塘网箱"育苗模式泥鳅幼苗的生长较慢。主要是池塘中的天然饵料多,而网箱天然饵料也少,且与外界水体交换不畅。

(二)育苗模式对泥鳅幼苗成活率的影响

泥鳅幼苗的成活率对整个育苗至关重要,所有研究都是为了提高育苗的成活率。从目前来看,这两种模式没法达到生长率与成活率兼顾的目的。生长率主要与水环境、饵料供给有关,成活率主要与天敌和疾病防御有关,"池塘直接放养"育苗的生长率明显高于"池塘网箱"育苗模式,而成活率的表现正好相反。另外,从放养密度来分析,高密度对幼苗的生长和成活率都有一定程度的不利影响,但是这其中不是完全负相关,因此在密度这个指标上应该有个合理的值,因为育苗不仅追求苗的生长,更注重苗的成活率,这是育苗首要考虑的问题,这个需要根据其生长发育过程进行研究。

在泥鳅育苗的不同阶段可以选择不同模式和密度,刚从孵化环道出来时,适合做"池塘网箱"模式育苗,这一阶段可以保持适当的高密度,度过 15~20 d 后,可以采用网孔稍大的网箱或"池塘直接放养"模式。

(三)两种育苗模式的效果比较

本研究表明,"池塘网箱"育苗模式 3 个不同密度处理下幼苗成活率分别为 21.50%、45.28%、47.07%;3 个不同密度下幼苗个体体重生长率分别为 0.000 6 g/d、0.001 1 g/d、0.001 7 g/d;3 个不同密度下幼苗个体体长生长率分别为 0.330 9 mm/d、0.357 4 mm/d、0.455 3 mm/d;其平均成活率为 37.96%,体重生长率为 0.001 2 g/d,体长生长率为 0.381 2 mm/d。"池塘直接放养"育苗模式 6 批次的平均成活率为 25.28%;幼苗体重生长率为 0.004 5 g/d, 体长生长率为 0.385 0 mm/d。育苗首先要保证成活率,前期应该选择"池塘网箱"育苗模式,经过初期育苗后(15~20 d),可以采取网孔稍大的网箱或"池塘直接放养"育苗模式。

泥鳅孵化与育苗技术的发展是一个循序渐进的过程。经过我们这些年的生产实践,在泥鳅的生态孵化与育苗领域取得了一些实践经验。但是,鉴于泥鳅自身繁育的复杂性和模拟孵化环境的局限性,泥鳅生态孵化与育苗依然存在着需要改进的地方。随着对泥鳅孵化问题的进一步研究和科技的进步,相信泥鳅生态孵化与育苗技术在今后会得到不断的发展和完善。

参 考 文 献

[1] Baroiller J F, D Cotta H. Environment and sex determination in farmed fish [J]. Comparative Biochemistry and Physiology (partC),2001,130:399-409.

[2] Devlin R H, Yoshitaka Nagahama. Sex determination and sex differ entiation in fish:an overview of genetic, physiological, and environ mental influences [J]. Aquaculture, 2002, 208:191-364.

[3] Fujioka. The rmolabile sex determination in honmoroko[J]. Journal of Fish Biology, 2001,59: 851-861.

[4] Helena D, Alexis F, YANN G, et al. A romatase plays a key role during normal and temperature-induced sex differentiation of tilapia[J]. Molecular Reproduction and Development,2001, 59:265-276.

[5] Hurley M A, Matthiessen P, Pickering A D. A model for env-ironmental sex reversal in fish[J]. J Theor Biol,2004, 227(2): 159-165.

[6] Nomura T, Arai K, Hayashi T, et al. Effect of temperature on sex ratios of normal and gynogenetic diploid loach[J]. Fisheries Science,1998, 64(5):753-758.

[7] 程保林,叶雄平. 几种孵化设备孵化鲤鱼的效果比较[J]. 淡水渔业,2005,35(6):54-58.

[8] 丁雷. 农家高效养泥鳅(修订版)[M]. 北京:金盾出版社, 2008.

[9] 高志慧.泥鳅黄鳝养殖实用大全[M].北京:中国农业出版社,2004.

[10] 郭国军.黄鳝泥鳅养殖关键技术[M].郑州:中原农民出版社,2012.

[11] 胡廷尖,王雨辰,周志明.泥鳅规模化人工繁殖和苗种培育技术操作规范[J],河北渔业,2011,08:34 – 36.

[12] 黄山君,周渔锋,金学福.不同生态条件对泥鳅产卵、孵化及仔鱼培育影响初探[J].淡水渔业,1999,29(1):30 – 32.

[13] 金型理,等.泥鳅生物学的初步研究[J].湖南师范大学自然学报,1986(2):59 – 66.

[14] 雷逢玉,等.泥鳅繁殖和生长的研究[J].水生生物学报,1990,14(1): 60 – 67.

[15] 凌去非,李义,李彩娟.泥鳅高效养殖与疾病防治技术[M].北京:化学工业出版社,2014.

[16] 马达文.黄鳝、泥鳅高效生态养殖新技术[M].北京:海洋出版社,2012.

[17] 南佑平. 高效养泥鳅[M].北京:机械工业出版社,2014.

[18] 邵力,何斌超,张玉明.泥鳅去巢流水孵化人工繁殖技术初步研究[J].浙江水产学院学报,1996,15(2):129 – 133.

[19] 徐在宽,潘建林.泥鳅黄鳝无公害养殖重点与实例[M].北京:科学技术文献出版社,2005.

[20] 徐在宽,徐青.泥鳅高效养殖100 例[M].北京:科学技术文献出版社,2010.

[21] 袁风霞.泥鳅年龄和生长的研究[J].华中农业大学学报,1986(2):163 – 167.

[22] 袁善卿,薛镇宇.泥鳅养殖技术[M].北京:金盾出版社,2011.

[23] 占家智,羊茜.黄鳝泥鳅疾病看图防治[M].北京:化学工业出版社,2014.

[24] 张国奇,张文华,张飞明.孵化桶孵化斑点叉尾鱼回鱼卵技术[J].科学养鱼,2005(4):11.

[25] 张家海,朱恩华,曾庆祥,等.循环水系统孵化斑点叉尾鮰鱼试验[J].渔业致富指南,2010(12):51-52.

[26] 郑闽泉,丁桂枝.泥鳅人工繁殖试验报告[J].水利渔业,1991(6):15-18.

[27] 邹叶茂,张光明.泥鳅养殖新技术[M].北京:化学工业出版社,2011.